U0554402

权威·前沿·原创

皮书系列为
"十二五""十三五""十四五"时期国家重点出版物出版专项规划项目

BLUE BOOK

智库成果出版与传播平台

海洋文化蓝皮书
BLUE BOOK OF CHINA'S MARITIME CULTURE

中国海洋文化发展报告
（2024）

ANNUAL REPORT ON THE DEVELOPMENT OF CHINA'S
MARITIME CULTURE (2024)

组织编写／　自然资源部宣传教育中心
福州大学
福建省海洋文化研究中心
福建省海洋与渔业经济研究会
主　编／苏文菁　李　航

社会科学文献出版社
SOCIAL SCIENCES ACADEMIC PRESS（CHINA）

图书在版编目（CIP）数据

中国海洋文化发展报告 . 2024 / 苏文菁，李航主编 .
北京：社会科学文献出版社，2024. 10（2025. 1 重印）. --（海洋文化
蓝皮书）. -- ISBN 978-7-5228-4353-7

Ⅰ. P72

中国国家版本馆 CIP 数据核字第 2024PR5558 号

海洋文化蓝皮书
中国海洋文化发展报告（2024）

主　　编 / 苏文菁　李　航

出 版 人 / 冀祥德
组稿编辑 / 陈凤玲
责任编辑 / 宋淑洁　武广汉
责任印制 / 王京美

出　　版 / 社会科学文献出版社·经济与管理分社（010）59367226
　　　　　 地址：北京市北三环中路甲 29 号院华龙大厦　邮编：100029
　　　　　 网址：www. ssap. com. cn
发　　行 / 社会科学文献出版社（010）59367028
印　　装 / 河北虎彩印刷有限公司

规　　格 / 开　本：787mm×1092mm　1/16
　　　　　 印　张：16　字　数：209 千字
版　　次 / 2024 年 10 月第 1 版　2025 年 1 月第 2 次印刷
书　　号 / ISBN 978-7-5228-4353-7
定　　价 / 158. 00 元

读者服务电话：4008918866

编委会信息

主   编 苏文菁 李 航

学术支持单位 福建省习近平新时代中国特色社会主义思想研究
          中心福州大学研究基地
          中国太平洋学会南方海洋文化研究分会
          福州大学马克思主义学院
          福州大学闽商文化研究院

主要编撰者简介

李　航　自然资源部宣传教育中心党委书记、副主任。曾任国家海洋局中国海监总队副总队长，国家海洋局南海分局副局长兼任中国海监南海总队政治委员，国家海洋局宣传教育中心副主任、党委书记兼纪委书记等职。中国音乐家协会会员。现任自然资源部音乐爱好者协会副会长兼秘书长，自然资源部2020年春演总策划、总导演。

多年来致力于自然资源新闻宣传及文化建设工作，主持开展多届世界海洋日暨全国海洋宣传日、中国海洋经济博览会、年度海洋人物评选、全国大中学生海洋文化创意设计大赛等全国性大型宣传展览活动，积极推动中国海洋文化节、厦门国际海洋周、世界妈祖文化论坛等文化宣传活动深入开展，深入推进自然资源文化领域研究，主持编写《全国海洋文化发展规划纲要》，原创多首自然资源领域优秀的音乐作品，探索通过文学、音乐、艺术等多种形式推动自然资源文化大繁荣大发展。

苏文菁　北京师范大学博士，福州大学教授，福州大学闽商文化研究院院长；福建省重点智库培育单位"福建省海洋文化中心"主任、首席专家。美国康奈尔大学亚洲系访问学者、讲座教授；北京大学特约研究员；全国海洋意识教育基地福州大学主任；中国商业史学会副会长；中国皮书研究院高级研究员；中国民营经济研究会理事。研究领域：海洋文化理论、区域文化与经济、文化创意产业。

2015年，策划、主持国家主题出版物"海上丝绸之路与中国海洋强国战略丛书"十三卷的编纂工作；2010～2016年策划、主持"闽商发展史"丛书十五卷。近年来，策划并主编了《闽商蓝皮书·闽商发展报告》、《海洋文化蓝皮书·中国海洋文化发展报告》系列出版物。主编《闽商文化研究》杂志。出版的个人专著代表作有《闽商文化论》《福建海洋文明发展史》《世界的海洋文明：起源、发展与融合》《海洋与人类文明的生产》《海上看中国》《文化创意产业：理论与实务》《连江县海洋文化资源调查与价值评估》等。其策划、主讲的"海洋与人类文明的生产"获教育部首批国家精品在线开放课程，并被"学习强国"首页多次推荐。

多年来，致力于将闽商文化知识体系为相关职能部门服务的转化工作与智库参谋工作。其中，主编的《闽商蓝皮书·闽商发展报告》是一个智库工作平台。

摘　要

2023 年是全面贯彻党的二十大精神的开局之年，也是经济恢复发展的一年。海洋旅游业迎来强劲复苏，"演艺+海洋旅游""博物馆+海洋旅游"等模式成为新热点。邮轮业恢复态势良好，各大邮轮港的复航工作有序推进。海洋会展、海洋体育等线下活动基本恢复，国际交流大大增强。

随着首批中国海洋研学标准制定颁布，海洋教育在 2023 年向规范化、标准化持续发展。海洋文化研究稳步前进，中国东南沿海海洋族群交融交流的发展历程预计将在新的一年里受到学界关注。水下考古领域取得重大突破，南海西北陆坡一号、二号沉船遗址的考古调查对于我国深海考古发展具有里程碑意义。国家文物局印发中国水下考古首部行业规范《水下考古工作规程（2023 年）》，对于未来水下文物保护与地方社会经济的协调发展具有重要意义。

1994 年建设"海上福州"的提出，使得福州成为我国最早宣言"向海进军"的城市。30 年来，"海上福州"始终是指导福州发展海洋产业和海洋事业、加快建设现代化国际城市的重要战略思想。2024年度对"海上福州"30 年的建设经验进行了总结，指出未来"海上福州"建设应充分利用海洋文化的赋能作用，加快发展海洋旅游业，持续推动"科技兴海"，培育海洋新兴产业，围绕"海上福州"国际品牌，整合形成文化品牌体系。

以中国极地考察 40 周年为契机，本书对其相关发展历程进行回

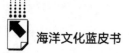
顾。中国极地科学考察始于 1984 年首次派遣科学家参加国际合作的南极考察。1993 年 "雪龙号" 的引进和改装，标志着中国极地科考能力的显著提升。在南极建立了长城站和中山站，使得中国在极地科考领域有了自己的平台。中国在极地科研领域的自主创新能力正在不断增强，2019 年建造的 "雪龙 2 号" 就是由中国自主设计的。极地科考不仅反映了中国在海洋科技领域的突破，也成为海洋文化建设和海洋科普工作的重要组成。

2024 年度还对中国海洋类博物馆的代表——国家海洋博物馆的发展历程进行了整理和记录。国家海洋博物馆的筹建工作始于 2007 年，2012 年作为深入践行 "建设海洋强国" 战略的国家级重大海洋文化成果正式立项；2019 年 5 月 1 日，正式对公众开放。五年来，国家海洋博物馆累计接待观众超过 900 万人次，凭借文旅融合发展创新，做到社会效益和经济效益两兼顾。国家海洋博物馆带来的大量优质客源，对天津特别是滨海新区的海洋旅游业有着明显的发展带动作用。

"和美海岛" 一词最早出现在 2016 年 12 月国家海洋局发布的《全国海岛保护工作 "十三五" 规划》中。经过一年的创建、申报和评选，2023 年 6 月 8 日，自然资源部公布了全国首批 33 个 "和美海岛" 名单。围绕 "生态美、生活美和生产美" 的定义，和美海岛创建涵盖了生态保护修复、资源节约集约、人居环境改善、绿色低碳发展、特色经济发展、文化建设、制度建设七个方面，为实现人岛和谐，促进海岛地区可持续发展提供了示范。

关键词： 海洋史　海洋文化产业　海洋意识教育　海洋科技　海洋文学

目 录 ▷

Ⅰ 总报告

Ⅱ 分报告

Ⅲ 专题篇

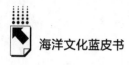
皮书数据库阅读**使用指南**

总 报 告

B.1
2023~2024年中国海洋文化发展状况

苏文菁 王佳宁*

摘 要： 2023年是全面贯彻党的二十大精神的开局之年，也是经济文化迅速恢复发展的一年。海洋旅游业迎来强劲复苏，"演艺+海洋旅游""博物馆+海洋旅游"等模式成为新热点。邮轮业恢复态势良好，各大邮轮港的复航工作有序推进，海洋会展、海洋体育等线下活动基本恢复，国际交流大大增强。首批中国海洋研学标准制定颁布，有助于海洋教育的规范化、标准化发展。海洋文化研究稳步前进，中国东南沿海海洋族群交融交流的发展历程在新的一年里预计将受到学界关注。水下考古领域取得重大突破，对南海西北陆坡一号、二号沉船遗址开展的考古调查对于我国深海考古发展具有里程碑意

---

* 苏文菁，博士，福州大学教授，闽商文化研究院院长，福州大学福建省海洋文化研究中心主任、首席专家，研究方向为海洋文化理论、区域文化与经济、文化创意产业；王佳宁，福建省海洋文化研究中心研究助理，研究方向为海洋文化、海洋经济。

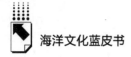
义。中国水下考古首部行业规范发布，对于未来水下文物保护与地方社会经济的协调发展具有重要意义。

关键词： 海洋旅游业　海洋考古　海洋史　海洋文化产业　海洋意识教育

一　2023年中国海洋文化发展总体情况

（一）海洋意识教育

2023 年，海洋意识教育热度不减。2023 年 11 月 17 日，宁波大学海洋教育研究中心、华中师范大学国家教育治理研究院、中国海洋大学高等教育研究与评估中心、全国海洋教育研究联盟等机构联合发布了《中国海洋教育机构索引》（CMEII，2024），这是继 2020 版之后的第二次发布。① 该索引将当前中国海洋教育机构分为四类，包括学校体系、社会体系、政府体系和研究体系，并从品牌力、主题力、管理力与影响力等方面构建"中国海洋教育机构评价指标体系"，对机构进行评价，合格后入选索引。和 2020 版相比，入选机构从 124 所增加至 150 所，从具体分布上来看，学校体系占有绝对优势，占 90 所；紧随其后的是以涉海博物馆、主题公园和海洋馆为主的社会体系，占 56 所。在构成上有两个显著变化：①学校体系中增加了 14 家幼儿园，反映海洋教育对象的年龄层正在不断扩展；②原来空缺的政府体系增加了 6 家，均为涉海市辖区教育局，体现了根据地方特色开发乡土教

---

① 《中国海洋教育机构索引（CMEII）2024 版在宁波发布》，中国社会科学网，2023 年 11 月 20 日，https：//www.cssn.cn/skgz/bwyc/202311/t20231120_ 569 7617.shtml。

材和活动的工作方针。另外，2020 版空缺的研究体系，在 2024 版中仍空缺，一方面，说明海洋教育的学术研究仍有待加强；另一方面，"海洋教育"的形式有待进一步定义并加以拓展。① 对海洋教育机构进行评价，有助于引导海洋教育实践不断科学化、精细化。

近年来，持续大热的海洋研学，2023 年同样在朝着规范化、标准化的方向迈进了一步。2023 年 4 月 18 日，中国海洋学会发布《海洋研学导师等级划分及评价方法》《海洋基地（营地）等级划分及评价方法》②，这是我国首批制定的海洋研学标准。两份文件均由中国海洋学会研学工作委员会牵头编制，为海洋研学导师的职业资格认证与培训考评、海洋研学基地（营地）建设运营和服务构建了评价体系，提供了评价依据。两项团体标准的全国业务推广中心同步落户厦门，下一步与全国海洋文化教育联盟合作，针对全国海洋学院的学生、教师以及有志于海洋研学教育的导游等，开展海洋研学导师等级培训并颁发证书。两份标准的制定和推出，对于规范海洋研学活动、引导海洋研学事业健康发展，具有重要的指导意义。

2023 年度海洋科普工作继续依托"6·8 世界海洋日暨全国海洋宣传日"、中国航海日、全国科普日前后的科普活动开展。第 14 届全国海洋知识竞赛、全国大中学生第 12 届海洋文化创意设计大赛等大型活动顺利举办。6 月 8 日，东南卫视推出国内首档海洋文化类知识交互节目《海洋公开课》。节目涵盖海洋国土、海洋经济、海洋科技、海洋文化、海洋生态等方面，利用 AR、XR 等虚拟现实技术，通过现场交互式体验与专家演讲向全民科普，展示我国海洋学界科研

---

① 《重磅：中国海洋教育机构索引（CMEII，2024）发布》，中国社会科学网，2023 年 11 月 20 日，https：//www.cssn.cn/zkzg/zkzg_zkyc/202311/t20231119_56974 59.shtml。

② 《海洋研学等九项团体标准发布》，中国海洋发展研究中心，2023 年 4 月 28 日，https：//aoc.ouc.edu.cn/2023/0428/c9828a431095/pagem.htm。

前沿动态和最新成果。① 东南卫视是福建省广播影视集团旗下的卫星电视频道，也是福建省唯一覆盖中国大陆，并在海外有较大影响力的电视媒体，近年深耕新媒体平台，仅在"今日头条"平台就拥有接近 300 万的粉丝量。《海洋公开课》借助东南卫视实现多渠道同时发布，全网传播量超 1.7 亿，相关话题阅读量超过 6000 万。《海洋公开课》入选国家新闻出版广电总局 2023 年度广播电视创新创优节目②，成为 2023 年具有代表性和影响力的海洋科普案例。

（二）海洋文化产业

2023 年全国旅游市场强力复苏，各大景区人潮涌动。根据中国旅游研究院统计，2023 年各个季度居民出游意愿维持在 90% 以上，全年平均达 91.86%，较 2019 年高 4.52 个百分点，创有监测记录以来新高。③ 海洋旅游业乘上了旅游业复苏的东风，2023 年增加值达 14735 亿元，比上年增长 10.0%。不过尚未恢复到三年前水平，仅有 2019 年增加值 18086 亿元的约八成，还有很大的恢复空间。居民消费需求加快释放，海洋旅游消费市场明显回暖，2023 年海洋客运量、海洋旅客周转量同比分别增长 122.3%、125.4%。④

---

① 《交互节目〈海洋公开课〉开播》，新华网，2023 年 6 月 9 日，http：//www.xinhuanet.com/ent/20230609/8190012335cf4c1ab9fe2848fda9128b/c.html。

② 《2023 年度广播电视创新创优节目名单》，国家广播电视总局，2024 年 6 月 28 日，https：//www.nrta.gov.cn/module/download/downfile.jsp？classid＝0&showname%20＝undefined&filename＝34ce1098be654ffb8980ae45dc13ac1f.pdf。

③ 李志刚：《〈2023 年中国旅游经济运行分析与 2024 年发展预测〉：2024 年旅游市场主要指标或超历史最高水平》，中华人民共和国文化和旅游部，2024 年 2 月 5 日，https：//www.mct.gov.cn/whzx/zsdw/zglyyjy/202402/t20240205_951187.html。

④ 崔晓健：《2023 年海洋经济复苏强劲，量质齐升——解读 2023 年海洋经济情况》，中华人民共和国自然资源部，2024 年 3 月 20 日，https：//www.mnr.gov.cn/dt/ywbb/202403/t20240320_2840073.html。

2023年，邮轮业恢复态势良好，各大邮轮港的复航工作有序推进。2023年3月29日，交通运输部办公厅印发《国际邮轮运输有序试点复航方案》，在上海、深圳试点恢复邮轮运输；5月15日，国家移民管理局宣布，乘坐邮轮来华的外国旅游团可在天津、辽宁大连、上海、江苏连云港、浙江温州和舟山、福建厦门、山东青岛、广东广州和深圳、广西北海、海南海口和三亚13个城市的邮轮口岸免签过境。5月26日，"蓝梦之星号"邮轮从上海吴淞口国际邮轮港出发，开启试航之旅，这标志着停航三年多的国际邮轮航线正式重启；6月29日，地中海邮轮旗下"亚洲旗舰荣耀号"抵达深圳蛇口邮轮母港，成为首艘享受入境免签政策的国际邮轮。9月19日，交通运输部发布《关于做好全面恢复国际邮轮运输有关工作的通知》，全面恢复进出我国境内邮轮港口的国际邮轮运输；三亚、青岛、天津、厦门等地陆续恢复国际邮轮运营。值得关注的是，在邮轮业陷入停滞的同时，中国邮轮本土制造仍在持续发展。11月4日，我国首艘国产大型邮轮"爱达·魔都号"命名并交付，这一邮轮总吨位13.55万吨，拥有2826间舱室，可载客5246位，于2024年1月1日从上海开启首航。

在旅游业复苏的有利条件下，海洋旅游消费趋向多元化，推动旅游供给提质升级；融合业态不断涌现，"演艺+海洋旅游""博物馆+海洋旅游"等模式成为新热点。举办演唱会、音乐节等大型演出活动，能有效带动大量观众跨区域流动，为演出地的消费市场带来新的活力。中国演出行业协会数据显示，2023年前三季度，大型演唱会、音乐节演出1137场，观演1145万人次，平均跨城观演率超过60%。[①] 演出市场的火爆使得原本的二、三线旅游城市成为新兴旅游

---

① 郑海鸥：《今年前三季度，全国营业性演出场次、票房收入同比大幅增长 演出市场 供需两旺（大数据观察）》，《人民日报》2023年11月21日，第7版。

目的地。以海南省海口市为例，与邻近地区相比，海口市较为缺乏高质量的海洋观光资源。对此，海口市另辟蹊径、逐步探索，发展出了文艺演出带动旅游消费升级的产业链条。仅 2023 年上半年，海口市就举办了大小 30 余场演出活动。以 3 月举办的迷笛户外音乐节为例，3 天时间拉动旅游出行、住宿、餐饮、购物消费等约 1 亿元。① 12 月底，海口演艺新空间建成开放，与海口湾演艺中心大剧场组成海南首个演艺聚集群落，持续推进海口"演艺之城"硬件设施升级。通过业态联动，海口市将演艺活动带来的巨大人流逐步引导到旅游景点、酒店、餐饮、免税购物等消费链条。演艺活动期间，鼓励旅游企业推出优惠，旅行社制定精品线路，游客到免税店、夜市、餐饮店、旅游景区等均可凭演艺活动门票享受折扣优惠，营造出良好的整体消费体验，通过文旅融合带动海洋旅游业发展。

2023 年旅游业另一大趋势，就是以博物馆为中心的文博旅游火热，各大博物馆一票难求。以天津为例，位于滨海新区的国家海洋博物馆是天津的优势海洋旅游资源。国家海洋博物馆自开放以来，来馆参观游客中约有 85% 来自外地。2023 年，国家海洋博物馆累计接待国内外游客 290 万人次，远超往年 180 万~230 万人次的客流量；全年开展线下活动 654 场、海博讲堂 10 场，为游客打开了丰富多元的海洋文化世界。② 除国家海洋博物馆之外，滨海新区内还建设有大沽口炮台遗址、滨海航母主题公园、极地海洋馆、天津国际邮轮母港等海洋旅游资源，围绕海洋主题形成联动，有效提升区域整体的海洋旅游品牌的竞争力。

---

① 周亚军：《海口市加快文艺演出市场与旅游消费深度融合 滨海之城吹起文艺风（文化市场新观察）》，《人民日报》2023 年 4 月 6 日，第 12 版。

② 陈汝宁：《2023 年国家海洋博物馆累计接待国内外游客 290 万人次》，新浪新闻，2024 年 1 月 8 日，https：//news. sina. cn/znl/2024 - 01 - 08/detail - inaavpwx9124770. d. html。

（三）海洋文化研究

2023 年，中国东南沿海地区的海洋文明，作为中华民族多元一体格局中的重要组成部分，持续受到学界和社会的高度关注。"中华民族交往交流交融史的多维度研究"入选 2023 年度中国十大学术热点，"阐释多元一体格局成为研究热点，中华民族共同体理论体系日臻完善"入选 2023 年度中国人文学术十大热点。2023 年在海洋史领域，中国学者以中、外文发表、出版的海洋史论著（含研究生学位论文）约有 300 篇（部）以上，恢复了 2021 年的热度。各研究主题中整体与区域海洋的历史研究出现了一批有新意的成果，海权研究略有降温，海疆与海洋管理、海洋军事与造船航海技术维持原有热度。大量学术活动于 2023 年恢复线下举行，特别是百人以上的大型国际会议陆续举办，来自全球各地的专家学者从海外交通史、海洋族群、海洋非遗保护、海洋文化产业发展等海洋文化的不同方面展开交流探讨。

值得注意的是，国家大型文化出版工程《中国大百科全书》第三版新增"中国海洋文化专题"，内容包括海洋文化词条 400 余条、30 余万字，分为海洋历史、海洋社会、海洋民俗、海洋文学、海洋艺术、海洋交通、跨海交流、中国海疆、中国海防等分支。这是《中国大百科全书》首次将中国海洋文化作为专题列入。我国首部以中国管辖海域海底地理实体研究与命名为主题的专题图集——《中国周边海域海底地理实体图集丛书》也于 2023 年内出版发行，书中规范了我国周边海域海底地理实体及其名称。两者均将为未来海洋文化研究相关著作和论文的规范出版提供了重要参考和依据。福建人民出版社《海上丝绸之路文献集成》首批《历代史籍编》共 140 册出版发行，这是一项大型基础史料和文献整理工程。

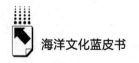

（四）海洋考古和遗产保护

继 2022 年《中华人民共和国水下文物保护管理条例》（以下简称《水下条例》）正式施行之后，2023 年 10 月 13 日，国家文物局印发《水下考古工作规程（2023 年）》，这是中国针对水下考古工作制定的首部行业规范。[①] 文件计有 9 章 29 条，另有附录、表格若干，以水下考古工作流程为主线，涵盖了项目组织、调查发掘、文物保护、资料整理、成果发布、资料管理、安全管理等水下考古的全部环节，具有很高的可操作性。《水下考古工作规程（2023 年）》的制定基于此前我国考古工作者的大量的水下考古实践，符合中国国情和水情，是我国水下考古由专门的技术手段向综合的学科体系转变的重要表现，更是对新版《水下条例》的具体落实措施。我国沿海地区是经济发达地区，涉海活动频繁。《水下条例》明确规定在中国管辖水域内进行大型基本建设工程应当事先进行考古调查勘探，对水下考古资源快速调查和评估提出了要求。从这个意义上看，《水下考古工作规程（2023 年）》的及时发布，对于水下文物保护与地方社会经济的协调发展具有重要的现实意义。

2023 年度，海洋考古领域最值得瞩目的是中国深海考古的新突破。南海西北陆坡一号、二号沉船遗址发现于 2022 年 10 月，其位于海南岛与西沙群岛之间的南海海底，西北距离三亚约 150 千米，遗址水深约 1500 米。2023 年，国家文物局考古研究中心、中国科学院深海科学与工程研究所、中国（海南）南海博物馆联合对二处沉船遗址进行了深海考古调查，使用"探索一号""探索二号"科考船和"深海勇士"号载人潜水器，共执行 41 个潜次调查。沉船遗址保存

[①] 国家文物局：《水下考古工作规程（2023 年）》，中华人民共和国中央人民政府，2023 年 10 月 13 日，https：//www.gov.cn/zhengce/zhengceku/202311/P0 20231115431492621992.wps。

相对完好，文物数量巨大，时代明确为明弘治至正德之间，具有极高的学术价值。此次调查也是中国水下考古工作者首次对位于水下千米级深度的古代沉船遗址开展系统科学考古调查、记录与研究，标志着我国深海考古达到世界先进水平，对于我国深海考古发展具有里程碑意义。这项发现也因此先后列入2023年度"全国十大考古新发现"和"中国人文学术十大热点"。

另一项入选"2023年度全国十大考古新发现"的涉海考古遗迹是福建平潭壳丘头遗址群，包括壳丘头、西营、东花丘、龟山等遗址。① 2020年起，中国社会科学院考古研究所、福建省考古研究院、厦门大学历史与文化遗产学院在"考古中国"重大项目"南岛语族的起源与扩散研究"的课题框架下，持续推进考古发掘和研究工作，将上述遗址合并命名为壳丘头遗址群。2017年、2023年东花丘遗址两次发掘以及2018年、2020年、2022年龟山遗址三次发掘，揭示出距今4000～3200年的东花丘文化和龟山文化，填补了福建沿海新石器末期向青铜时代过渡的考古空白。目前，整个平潭岛确认共有37处史前遗址，通过持续系统的考古工作，建立了东南沿海岛屿地区距今7500～3000年完整的考古学文化序列，反映出沿海史前早期人群兼具大陆性和海洋性特征的多样化的生计模式。② 平潭壳丘头遗址群的一系列最新考古成果深化了对我国东南沿海地区史前人群利用海洋资源及史前农业文化向东南亚岛屿地区扩散历程的认识，为探索中华民族"多元一体"

---

① 杨湛菲、徐壮：《2023年度全国十大考古新发现揭晓》，中华人民共和国中央人民政府，2024年3月22日，https：//www.gov.cn/yaowen/liebiao/202403/content_6940945.htm。

② 《平潭：南岛语族的"起锚之地"——关于南岛语族起源与扩散的访谈》，平潭国际南岛语族研究院，2024年4月11日，http：//www.ndyz.org.cn/home/News/detail.html？id=216。

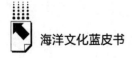

演进格局、推进"考古中国"重大项目"南岛语族起源与扩散研究"提供了重要线索。

二 2023~2024年海洋文化发展新选题

极地科学考察，是人类探索海洋奥秘、探求新的发展空间的重要领域。2023年，以中国极地考察40周年为契机，我们邀请中国科学院海洋研究所专家对相关发展历程进行回顾。此外，2024年度还对国家海洋博物馆开馆5年来的发展历程和"和美海岛"创建示范工作进行了回顾。

（一）中国极地科学考察与海洋文化建设40年回顾

中国极地科学考察始于1984年首次派遣科学家参加国际合作的南极考察。1993年"雪龙号"的引进和改装，标志着中国极地科考能力的显著提升。自1994年起，"雪龙号"每年都执行南极科学考察任务。此外，中国还在南极建立了长城站和中山站。使中国在极地科考领域有了自己的平台，为科学家们提供了稳定的研究基地。为了满足不断扩展的科学研究需求，中国在2019年建造了"雪龙2号"，一艘由中国自主设计的极地科考船。目前中国还在筹建和规划新的科考船只，如2024年，"极地号"破冰船已正式入列，进一步增强了我国在极地科研领域的自主创新能力。

极地科考不仅反映了中国在海洋科技领域的突破，还成为海洋文化建设的一部分。随着相关科普工作的不断开展，公众对极地环境、全球气候变化、海洋生态系统的认识逐渐加深，有效提升了国民的海洋意识和对海洋文化的认同感。极地科考还为文学、影视等领域提供了丰富的素材，出现了《极地跨越》《中国南极记忆》《雪龙号的故事》等一批优秀的纪录片，向观众传递了中国海洋文化中的探索精神。中国海洋大学、同济大学、上海交通大学等高校开设有与极地科考相关的研究课程，举办有极地科考装备设计大赛、海洋文化创新大赛等活动，营造了良好的海洋文化氛围。此外，极地科学考察也代表了中国在国际海洋事务中的话语权。在全球化背景下，中国与其他极地研究国家展开合作，不仅在科学技术上互相交流，也在文化层面形成了国际互动。

（二）国家海洋博物馆开馆五年回顾

国家海洋博物馆（以下简称海博馆）的筹建工作始于 2007 年，由中国海洋学会牵头组织、30 名海洋领域两院院士联合提交了《关于建立国家海洋博物馆的建议》。2012 年 11 月 6 日，中国共产党第十八次全国代表大会召开之际，国家发展改革委正式批复海博馆项目立项，作为深入践行"建设海洋强国"战略的国家级重大海洋文化成果。2013 年，天津市人民政府与国家海洋局联合成立海博馆管理委员会，各项筹建工作稳步推进。2017 年 7 月，展陈大纲和策展方案完成多次论证，海博馆展览体系基本形成；2018 年底，海博馆项目主体工程完工。2019 年 5 月 1 日，海博馆正式对公众开放。

五年来，海博馆累计接待观众超过 900 万人次，凭借独特的建筑外观、新颖的展陈手段、丰富的馆藏精品、多彩的科普活动，成为京津冀热门旅游地。海博馆常设展览持续建设，围绕"海洋与人类"主题设置有 13 个常设展览；五年来共举办不同主题的临时展览 25 个，举办及参与外出展览 9 个，形成了多渠道、多模式的临展发展格局。另外，作为公共文化服务机构，海博馆通过打造科普活动空间、加强馆校合作共建、推出系列科普活动等措施，着力推进展教一体化建设，这成为海博馆的一大亮点。海博馆坚持文旅融合发展创新，在馆内为观众提供了影院、餐厅、智慧导览、文创商店等一系列增值服

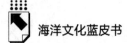
务，还出资成立天津海博文化发展有限公司负责运营管理，做到社会效益和经济效益两兼顾。更重要的是，海博馆观众来源以外地为主，为地方旅游经济发展带来了大量优质客源，对天津特别是滨海新区的海洋旅游业有着明显的发展带动作用。

（三）和美海岛创建示范工作

在中国的历史上，曾经有过明朝"放弃海岛"的海禁时代。随着当代中国的发展，特别是进入建设海洋强国的新时代，海岛与海洋的其他要素一样不仅是国家发展的重要空间，更是海洋文化发展的重要载体。"和美海岛"最早出现在 2016 年 12 月国家海洋局发布的《全国海岛保护工作"十三五"规划》中，2017 年《关于海域、无居民海岛有偿使用的意见》进一步明确提出"开展生态美、生活美、生产美的'和美海岛'建设"。2022 年 5 月，自然资源部办公厅印发《关于开展和美海岛创建示范工作的通知》，在全国正式部署开展和美海岛创建示范工作。围绕"生态美、生活美和生产美"的定义，和美海岛评价体系设计了生态保护修复、资源节约集约、人居环境改善、绿色低碳发展、特色经济发展、文化建设、制度建设共 7 个方面 36 项指标，覆盖了海岛保护、利用和管理的方方面面。经过一年的创建、申报和评选，2023 年 6 月 8 日，自然资源部公布了全国首批 33 个"和美海岛"名单。

三　2024年中国海洋文化发展问题与展望

2024 年，中国海洋文化产业在 2023 年的报复性增长之后，将趋于平稳。在"反向出游"的热潮中，一些个性化、差异化的小众海洋旅游目的地有望在 2024 年焕发生机。中国东南沿海的海洋族群作为多元一体的中华文明的重要组成部分，其交往、交流、交融的发展历程预计将成为 2024 年学界研究热点。2023 年以来，线下国际交流的持续活跃，在新的一年里为中国海洋文化发展注入了新的活力。

（一）城市文旅营销助力小众海洋旅游目的地"出圈"

在经历了 2023 年的报复性出游之后，2024 年全国旅游市场需求趋于理性，开始步入一个更为平稳的增长周期。为了避开热门旅游城市的滚滚人潮，一些特色鲜明的小众目的地开始受到"反向出游"旅行者的关注。与此同时，借助短视频和社交媒体的传播力，城市文旅营销在 2023 年持续升温。从淄博烧烤、天津大爷跳水和哈尔滨冰雪大世界等案例中可以看出，一次成功的城市文旅营销对于拉动游客到访、激发旅游需求起到显著作用，并为整个城市带来巨大的商业和品牌价值。以此为鉴，如能在保证旅游产品品质、做好配套公共服务的基础上，辅以城市文旅营销的手段进行传播推广，树立独具特色的城市品牌形象，2024 年将成为沿海地市海洋旅游业加速发展的最佳时机。

（二）海洋文明相关成果融入中华文明多元一体知识体系建设

习近平总书记指出，"一部中国史，就是一部各民族交融汇聚成多元一体中华民族的历史，就是各民族共同缔造、发展、巩固统一的伟大祖国的历史"[1]。中国东南沿海地区的海洋文明是中华文明不可或缺的重要组成部分。2021 年"南岛语族起源与扩散研究"纳入"考古中国"重大项目，标志着以面向海洋的视野，在中国东南沿海

---

[1] 本报评论部：《坚守"统一性"，铸牢中华民族共同体意识（人民观点）》，《人民日报》2023 年 6 月 16 日，第 5 版。

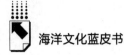
地区对多元一体的中华文明形成和发展进行探索成为国家性的学术工程。随着福建平潭壳丘头遗址群入选 2023 年度全国十大考古新发现，以及"中华民族交往交流交融史的多维度研究"成为 2023 年度学术热点，预计 2024 年学界对中国海洋族群交往、交流、交融的研究热度会持续上升，并出现一批突破性成果。

（三）频繁的国际交流激发中国海洋文化发展创新

2023 年 5 月 5 日，世卫组织宣布新冠疫情不再构成"国际关注的突发公共卫生事件"，全球抗疫取得了阶段性成果，通过线下进行的国际交流合作开始活跃起来。2023 年中国举办的各类国际交流活动非常丰富，海洋文化领域也不例外，特别是 2023 世界航海装备大会、2023 全球滨海论坛会议、第十六届中国邮轮产业发展大会、青岛国际帆船周等大型会展和体育赛事上，重新出现了外国参展商、参赛选手和专家学者的面孔。面对面的交流碰撞所带来的灵感火花，是否将带动下一年度的海洋文化领域的发展创新，让我们拭目以待。

分 报 告

B.2
2023年中国海洋史研究报告

欧阳琳浩　林旭鸣*

摘　要：　2023年，中国海洋史研究继续发展。海洋史已然成为如今的热门学科，越来越多的学者投入其中，多方面的成果展现了该领域近年发展的新气象。在海上丝绸之路、海洋政策与海防、海洋贸易与物品，海洋人群、海洋社会与海洋信仰等问题上，学者持续发力。此外，水下考古也有较大推进。水下文化遗产调查发掘的不断开展，一批考古新材料陆续公布，人才培养与制度建设更加完善；同时水下考古理论、方法与技术更加成熟，沉船、船货与海外贸易取得许多新认识。

关键词：　中国海洋史研究　海洋强国　新海洋史　水下考古

* 欧阳琳浩，广东省社会科学院历史与孙中山研究所（海洋史研究中心）助理研究员，研究方向为海洋史、城市史；林旭鸣，广东省社会科学院历史与孙中山研究所（海洋史研究中心）助理研究员，研究方向为海洋史、明清史。

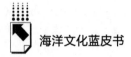

2023 年，中国学者以中、外文发表、出版的海洋史论著（含研究生学位论文）约有 300 篇（部）以上。研究内容涵盖海洋政策与海防、海洋权益与开发、海洋人群与海洋社会、海洋贸易、海洋日常生活、海洋知识等方方面面，成果丰硕，取得长足进展。本文择要加以介绍，力有不逮，难免疏漏，不当之处，敬祈方家不吝赐教。

一　整体与区域海洋

2023 年内，整体与区域海洋的历史研究有不少有意思的成果。杨斌从"船、事、物、人"为切入点，对海洋中国做了整体而全面的论述，指出海洋中国与海洋亚洲及海洋世界密不可分。① 田汝英从学术史出发对"海上丝绸之路"的概念进行了梳理，并提出须从全球史角度思考"海上丝绸之路"。② 黄纯艳对中国古代海外贸易政策做长时段的考察，指出从汉唐到清朝前期，海外贸易政策始终是华夷理念和朝贡体制下的"御夷狄"和"通财用"，有量的增长而无质的变革。③ 陈烨轩亦立足于从 8 世纪至 13 世纪长时段的视角来考察海上丝绸之路的贸易史，从东西方二者对话的互动角度来看这几个世纪海上丝绸之路贸易史的发展和演变，较全面地还原了远洋贸易的图景。④ 高伟浓将"海上丝绸之路"各条航路进行全景式考察，探寻了自汉至清历代华侨的移民轨迹、商贸活动及其在居住地的生存发

① 杨斌：《人海之间：海洋亚洲中的中国与世界》，广西师范大学出版社，2023。
② 田汝英：《"海上丝绸之路"：学术史视角下的概念讨论》，《全球史评论》2023 年第 2 期。
③ 黄纯艳：《"御夷狄"与"通财用"：中国古代海外贸易的政策取向》，《华东师范大学学报》（哲学社会科学版）2023 年第 4 期。
④ 陈烨轩：《东来西往：8~13 世纪初期海上丝绸之路贸易史研究》，社会科学文献出版社，2023。

展。① 郝祥满探讨了宋朝航海贸易圈的拓展和管理，并探究宋朝与日本等非朝贡国之间的协调机制。②

在区域海洋方面，龚缨晏概述了浙江古代海外交流史从奠基于史前到转型于近代六个阶段的发展历程。③ 刘晶考察了万历援朝战争以后东北亚海洋秩序的重构，指出明王朝加强胶辽沿海与朝鲜半岛的海上联结，并将国家权力向北部滨海地带深入。④ 程继红、丁高理注意到岛链的重要性，并以嵊泗列岛为中心，考察了明代浙江洋面御倭第一岛链的建构及其实效。⑤ 武锋、张丹怡讨论了明末清初南明诸政权和清朝对舟山海域的争夺以及国际势力在此海域的扩张，揭示了制海权对国家兴衰的决定性作用。⑥

二 海权、海疆与海洋管理

有关"海权"的讨论是 2022 年的热点，2023 年有所降温。张晓东结合罗荣邦《被遗忘的海上中国史》一书，回顾了海权经典理论并讨论了海权史如何成为可能。⑦ 赵建国注意到晚清时期报刊对海权论的传播。⑧ 夏帆重点考察了民国时期涉海地图的编绘及其中展现的

---

① 高伟浓：《海上丝绸之路：航线、华商与华工》，社会科学文献出版社，2023。
② 郝祥满：《宋朝航海贸易圈的拓展、管理及其国际协商》，《贵州社会科学》2023 年第 7 期。
③ 龚缨晏：《浙江古代海外交流史的发展历程》，《浙江社会科学》2023 年第 9 期。
④ 刘晶：《万历援朝战争以后东北亚海洋秩序的重构——胶辽沿海国家权力与防海军人之互动研究》，《国家航海》2023 年第 1 期。
⑤ 程继红、丁高理：《明代浙江洋面御倭第一岛链的建构与实效——以嵊泗列岛为中心考察》，《浙江海洋大学学报》（人文科学版）2013 年第 6 期。
⑥ 武锋、张丹怡：《明末清初围绕舟山海域的东亚争夺——兼论顾诚、南炳文、司徒琳〈南明史〉》，《传统中国研究集刊》2023 年第 2 期。
⑦ 张晓东：《海权史如何成为可能？——兼评〈被遗忘的海上中国史〉》，《传统中国研究集刊》2023 年第 1 期。
⑧ 赵建国：《清季报刊对海权论的传播》，《学术月刊》2023 年第 6 期。

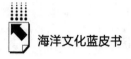
海权意识。① 陆烨以《海上权力论》为中心，论述了 20 世纪 20 年代中国的海权探讨。②

海疆与海洋管理今年依旧受到学界的广泛关注。陈刚通过"流求"指向的演变，探讨了古代中国东海疆域的形成。③ 岳新超、刘海洋探讨了隋唐时期东北海疆的拓展与经略。④ 孙方圆关注到了北宋在登州的海疆经略，指出登州是观察北宋海疆经略活动的典型案例。⑤ 明代的禁海政策多年来一直为人所讨论，王栋的研究认为明初禁海法令背后原因是明代财政立法方面缺陷导致的财产危机。⑥ 黄群昂聚焦于潮州地区，讨论了明代该地海疆政策的演变。⑦ 吕铁贞从华商出海贸易方面，探讨了明代海禁政策的厉禁和弛禁。⑧ 清代在许多方面沿袭了明代的制度，但同时也有新的发展。王巨新探讨了清代内外洋划分的形成发展过程。⑨ 宋可达就清代江浙海域的勘界进行了专门的考述。⑩ 他的另一篇文章则探讨了清代海洋失事查勘制度建设及其困境。⑪ 李

---

① 夏帆：《民国地图中的海权意识评述》，《海洋史研究》第 19 辑，社会科学文献出版社，2023。
② 陆烨：《20 世纪 20 年代中国的海权探讨———以林子贞〈海上权力论〉为中心》，《史林》2023 年第 4 期。
③ 陈刚：《"流求"指向演变所见古代中国东海疆域的形成》，《历史研究》2023 年第 6 期。
④ 岳新超、刘海洋：《边疆治理视角下隋唐东北海疆的拓展与经略》，《长春师范大学学报》2023 年第 9 期。
⑤ 孙方圆：《北宋在登州的海疆经略》，《东岳论丛》2023 年第 7 期。
⑥ 王栋：《明初禁海法令——财政危机下的艰难抉择》，《阜阳师范大学学报》（社会科学版）2023 年第 6 期。
⑦ 黄群昂：《明代潮州海疆治理研究》，《武陵学刊》2023 年第 4 期。
⑧ 吕铁贞：《明代华商出海贸易的厉禁与弛禁》，《中州学刊》2023 年第 5 期。
⑨ 王巨新：《清代前期海洋分界问题再讨论》，《海交史研究》2023 年第 2 期。
⑩ 宋可达：《清代江浙海域勘界考述》，《清史研究》2023 年第 2 期。
⑪ 宋可达：《清代海洋失事查勘制度建设及其困境》，《安徽史学》2023 年第 2 期。

细珠聚焦林爽文事件，论述了清朝治理台湾政策的调整，同时也指出了乾隆皇帝将重建台湾与安定东南海疆联系起来。① 刘永连、张莉媛注意到清末日商侵占东沙岛引发的海疆主权危机，对清政府开发和治理东沙、西沙群岛进行了专门的探讨。② 王前前、刘永连同样关注东沙岛，他们论述了蔡康于 20 世纪初在东沙岛主持的诸多开发和建设，并指出这标志着"以开发固主权"的新海疆治理方式的萌芽。③ 侯毅、李洋洋进一步探讨 20 世纪以后国民政府的南海开发政策及其影响，指出国民政府通过制定开发计划、招揽民间资本参与等方式推动南海诸岛的经营开发，但诸如开发内容单调等因素使其具有历史的局限性。④

三　海洋军事、海船与航海技术

2023 年度有关海洋军事史也有不少成果。朱亚非讨论了北方海上丝绸之路自汉代到清代的战乱和海防。⑤ 黄伟探讨了宋代泉州的水军情况。⑥ 刘正刚、吴庆比较了明前期东南沿海浙、闽、粤三省省城卫的不同，指出其建置反映了明代地方在落实卫所制上具有灵

---

① 李细珠：《略论林爽文事件与清朝治理台湾政策的调整》，《中国边疆史地研究》2023 年第 2 期。
② 刘永连、张莉媛：《清末东沙、西沙群岛治理规划和开发模式述论》，《中国边疆史地研究》2023 年第 4 期。
③ 王前前、刘永连：《蔡康与南海海疆治理——以东沙岛治理为例》，《海南热带海洋学院学报》2023 年第 6 期。
④ 侯毅、李洋洋：《边疆治理视域下民国时期的南海开发政策及其影响》《海南热带海洋学院学报》2023 年第 3 期。
⑤ 朱亚非：《北方海上丝绸之路史上的战乱与海防》，《渤海大学学报》（哲学社会科学版）2023 年第 5 期。
⑥ 黄伟：《宋代泉州水军初探——以左翼军水军为例》，《福建文博》2023 年第 3 期。

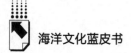
活变通性。① 陈博翼从倭乱对明代国家海防的挑战出发，叙述了明政府面对袭击时具体的防御应对和调整。② 姚舒婷、黄忠鑫以广东澄海县为例，讨论了明清方志中海防记述的形成和演变。③ 庄海伦、林志森明初到明中叶福建三路海防体系的变革及其影响因素，并结合历史地理数据库探究其中的空间格局变化。④

海船与航海技术方面也受到许多关注。刘璐璐考察了明代中琉使节船的人员配置、组织分工与船民社会。⑤ 蒲媛希聚焦于"荒唐船"的研究，对嘉靖时期"荒唐船"在朝鲜半岛附近海域的出现及其到泊数量和船上人员身份进行统计分析。⑥ 王煜、陈雪冰有关木帆船的研究，指出中国古代木帆船的多重外板结构，利用了船蛆"隔板不蛀"的特性，兼有远洋航行时抵御船蛆之效，这种情况在以民间海商为主导的宋元时期更为多见。⑦ 李玉铭以飞剪船为中心，探讨了上海开埠初期的远洋贸易形态与结构。⑧ 针路簿在古代航海技术研究方面具有重要地位，王亦铮、王连茂阐释了对闽南针路簿方

① 刘正刚、吴庆：《明前期东南沿海省城卫之比较》，《军事历史研究》2023 年第 6 期。

② 陈博翼：《防海之道：明代南直隶海防研究》，社会科学文献出版社，2023。

③ 姚舒婷、黄忠鑫：《明清方志的海防记述之形成与演变——以广东澄海县为例》，《中国地方志》2023 年第 6 期。

④ 庄海伦、林志森：《明代福建三路海防体系建置沿革与空间分布特征》，《建筑与文化》2023 年第 12 期。

⑤ 刘璐璐：《跨越海域：明代中琉使节船上的分工组织与船民社会》，《国家航海》2023 年第 1 期。

⑥ 蒲媛希：《嘉靖时期漂流至朝鲜半岛的"荒唐船"研究（1522-1566）》，暨南大学硕士学位论文，2023 年。

⑦ 王煜、陈雪冰：《木帆船时代船蛆防治与多重外板结构》，《中国港口》2023 年第 S2 期。

⑧ 李玉铭：《上海开埠初期的远洋贸易形态与结构——以飞剪船为中心》，《海洋史研究》第 21 辑，社会科学文献出版社，2023。

言词解读的若干意见。① 林籁宇、方昆健注重对更路簿的研究，并与渔民群体研究相结合，重新审视明清时期琼州沿海地区的社会环境与渔民的生存环境，探讨促使渔民开拓南海渔业航路的各类驱动因素。②

四　海洋经济、港口与物质文化

海洋经济涉及航运、贸易及渔业等多个方面。刘云、林丽珍关注唐宋时期泉州的"黑白蕃"，并以此讨论他们与海洋贸易的关系，指出宋朝泉州黑白蕃商是 10~13 世纪海洋贸易的主要推动者之一，也是宋元时期世界海洋商贸中心的建设者和践行者。③ 马艳渺以广州港市舶司为例，探析了北宋市舶司设置的历史条件及其在海外贸易中的重要作用。④ 金峥杰、邓可卉以纺织品为切入点，考察了元朝纺织品海外贸易的基本面貌和海道互市的机制，讨论互市的成果及影响。⑤ 常单静注意到苏木贸易在明代受国家政策和全球变化等因素的影响，剖析了古代苏木海上贸易的情况及其应用价值，考察了苏木不断融入明代社会生活的历史脉络。⑥ 徐素琴考察了清代粤海关治下外洋行的

① 王亦铮、王连茂：《闽南针路簿方言词语解读：数百年未解之谜》，《海交史研究》2023 年第 1 期。
② 林籁宇、方昆健：《琼州渔民开辟南海渔业航路之历史原因考述》，《南海学刊》2023 年第 6 期。
③ 刘云、林丽珍：《黑白蕃：宋代泉州蕃商与海洋贸易》，《中国社会经济史研究》2023 年第 4 期。
④ 马艳渺：《北宋市舶司设置探析——以广州港市舶司为例》，《华章》2023 年第 5 期。
⑤ 金峥杰、邓可卉：《"海上丝绸之路"视域下的元朝纺织品海道互市》，《丝绸》2023 年第 8 期。
⑥ 常单静：《苏木贸易与明代社会生活》，山东中医药大学硕士学位论文，2023 年。

演变，重点论述了从外洋行分立的本港行，以及该行承办的与东南亚各地的进出口贸易事务。① 李雅欣聚焦于广州口岸的药材贸易，探讨了清前期该口岸药材海外贸易的进出口情况。② 汤开建、李嘉昌关注广州贸易的情况，重点论述了清雍乾嘉时期瑞典东印度公司广州贸易的地位、作用和影响。③ 康丹芸关注海洋经济中的渔业问题，讨论了宋代时期海洋水产的捕捞和养殖。④ 陈玲注意到了明代陆域经济与海洋经济在陆海商贸中的互动互补，她同时指出，闽盐是闽省陆海间流通贸易的大宗商品，其产销运作亦呈现鲜明的陆海交互特征。⑤ 莫亚钦聚焦于江浙地区，论述了民国时期该地区的渔政管理及其局限性。⑥ 郭渊探讨了民国时期的渔业制度的建立及其实施，同时讨论了中国渔民在捍卫南海诸岛主权和渔权的斗争中所发挥的积极作用。⑦

　　与海洋贸易密切相关的是港口的研究。纳巨峰、肖远璨、陈永煌从中央地方的互动关系，探讨了南宋泉州港的崛起。⑧ 吴榕青重点关注宋元时期潮州地区的港口及其贸易，指出该地区宋元时期海外贸易

---

① 徐素琴：《本港船·本港行·南海"互市"》，《海洋史研究》第 21 辑，社会科学文献出版社，2023。

② 李雅欣：《清前期广州与西方国家药材贸易研究（1684-1840）》，广东省社会科学院硕士学位论文，2023 年。

③ 汤开建、李嘉昌：《清雍乾嘉时期瑞典东印度公司广州贸易的地位、作用与影响（1732-1860）》《暨南史学》2023 年第 1 期。

④ 康丹芸：《宋代海洋水产的捕捞与养殖》，《华夏文化》2023 年第 1 期。

⑤ 陈玲：《明代福建陆海联动与盐业产销的分区运作》，《现代商贸工业》2023 年第 12 期。

⑥ 莫亚钦：《民国时期江浙渔业事务局与地方渔政管理研究（1926-1931）》，华中师范大学硕士学位论文，2023 年。

⑦ 郭渊：《民国时期的渔业政策和对南海渔权的维护》，《海南热带海洋学院学报》2023 年第 1 期。

⑧ 纳巨峰、肖远璨、陈永煌：《南宋泉州海外贸易崛起中的中央地方互动关系》，《闽江学院学报》2023 年第 4 期。

活动为明清海外贸易的兴盛奠定了基础。① 林玉茹从全球史出发，透过梳理清代台湾港口市街在政治、经济以及社会面相的嬗变，呈现前近代港口市街的共相和殊相。②

此外，在海洋物质文化方面，邹文兵对宋元时期我国陶瓷文化海外传播的民间主体构成进行了探析。③ 薛冰聚焦明代瓷器上的海洋纹饰，探讨其工艺美术的丰富审美，揭示其中的多种文化价值。④

五　海洋人群与个体、海洋文化

崔英花提出了清代朝鲜通过漂流民获取的琉球知识情报对朝鲜社会认识东亚世界的影响及其价值。⑤ 庄声在其研究中探讨了清代对日本松前藩漂流民的遣返政策及其实施过程，以三名日本渔夫的漂流经历为例，分析了清朝的边疆管理和中日民间交往。⑥

刘怡青对越南河内地区广东移民历史与文化影响进行深入分析。⑦ 梁新娟对唐通事与荷兰通词在江户时代日本长崎的日中贸易、

① 吴榕青：《宋元潮州对外贸易港口及海交史发微》，《海交史研究》2023年第4期。
② 林玉茹：《向海立生：清代台湾的港口、人群与社会》。（台北）联经出版事业股份有限公司，2023。
③ 邹文兵：《宋元时期我国陶瓷文化海外传播的民间主体构成探析》，《武汉理工大学学报》（社会科学版）2023年第2期。
④ 薛冰：《美与力的交响：明代瓷器海洋纹饰体现的多重文化价值研究》，《天津美术学院学报》2023年第1期。
⑤ 崔英花：《清代朝鲜漂流民与琉球知识情报的收集——以朝鲜漂流民的琉球之旅与相关见闻记录为中心》，《海交史研究》2023年第1期。
⑥ 庄声：《日本松前藩漂流民及清朝遣返政策》，《中国边疆史地研究》2023年第3期。
⑦ 刘怡青：《越南碑志中所见的河内广东移民》，《海洋史研究》第20辑，社会科学文献出版社，2022。

日荷贸易中所扮演角色及其对日本文化影响做研究。① 冷剑波探讨了林朝曦在明代中后期作为"盗寇""海商""起义领袖"的不同形象，并分析了这些形象背后的历史逻辑。②

杜小军从海洋史视角考察日本龙神信仰的传入与流变。③ 刘志强在其研究中提出了17~18世纪基督教在越南传播的必然性与偶然性、澳门作为东西方交流桥梁的重要性、儒士与传教士之间的相互认知差异，以及参与传播的多元性等问题。④ 杭行提出了对18世纪东亚海洋文学中郑天赐及其河仙政权相关诗文史料的深入探讨和研究。⑤

六　海洋考古与史料

2023年度全国十大考古新发现中，与海洋相关的项目有两个，分别是福建平潭壳丘头遗址群与南海西北陆坡一号、二号沉船遗址。福建平潭壳丘头遗址群建立了东南沿海岛屿地区7500~3000年考古学文化序列，有力促进了我国东南沿海史前考古学文化序列的构建，为探究早期南岛语族人群特征、生计模式、迁徙规律提供了坚实的考古学材料。南海西北陆坡一号、二号沉船遗址时代确定为明代弘治至

---

① 梁新娟：《海上丝绸之路的文明互鉴使者——唐通事和荷兰通词》，《黑河学院学报》2023年第1期。

② 冷剑波：《"盗寇""海商""起义领袖"——关于林朝曦不同形象的分析》，《嘉应学院学报》2023年第5期。

③ 杜小军：《海洋史视角下的日本龙神信仰》，《日本研究论丛》第5辑，社会科学文献出版社，2023。

④ 刘志强：《17~18世纪基督教在越南的传播》，《海洋史研究》第20辑，社会科学文献出版社，2022。

⑤ 杭行：《18世纪东亚海洋文学的瑰宝——郑天赐及河仙相关的诗文史料》，《海洋史研究》第20辑，社会科学文献出版社，2022。

正德年间，该遗址的发现填补了我国古代南海离岸航行路线的缺环，完善了海上丝绸之路南海段航线的历史链条，同时本次考古调查也是中国水下考古工作者首次运用考古学理论、技术与方法，严格按照水下考古工作规程要求，借助深潜技术与装备，对位于水下千米级深度的古代沉船遗址开展系统科学考古调查、记录与研究的工作，这标志着我国深海考古达到世界先进水平，是中国水下考古发展的重要里程碑。

2023 年内，水下考古仍是热门话题。宋建忠阐述了水下考古学的概念、研究领域、学科关系、国内外水下考古发展简史等理论问题，并介绍了考古潜水、水下考古调查、发掘、水下文物保护、水下文化遗产管理等专门的技术与方法问题。① 马明飞则探索中国参与并主导南海丝绸之路沿线水下文化遗产保护的对策和路径。②

"南海I号"热度仍然不减。魏峻从该船出发，回顾中国水下考古发展历程、技术进步和水下文化遗产保护。③ 肖达顺引入"考古资产"概念，探索了"南海I号"沉船考古资产整理的方法。④ 叶道阳研究了"南海Ⅰ号"沉船保护环境，明确了其发掘保护过程中的环境状况。⑤ 一些具体事物也受到重视，研究该船香文化文物的有陈士松⑥；陶瓷

① 宋建忠：《水下考古学概论》，科学出版社，2023。
② 马明飞：《南海丝绸之路水下文化遗产合作保护问题研究》，武汉大学出版社，2023。
③ 魏峻：《"南海Ⅰ号"船说：从中国水下考古看海上丝绸之路》，广东教育出版社，2023。
④ 肖达顺：《大型沉船考古资产整理的探索——以"南海Ⅰ号"沉船为例》，《自然与文化遗产研究》2023 年第 2 期。
⑤ 叶道阳：《"南海Ⅰ号"沉船保护环境研究》，《客家文博》2023 年第 3 期。
⑥ 陈士松：《从"南海Ⅰ号"出水香文化文物看宋代物质生产和精神生活》，《客家文博》2023 年第 1 期。

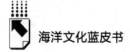

文物的有黄琳梓①、田国敏②、陈浩天③、陈士松④、肖达顺⑤；航速与帆装的有曹青松、蔡薇⑥；凝结物的有张枝健⑦。

其他沉船的研究也有不小突破。国家文物局考古研究中心汇总了福建漳州圣杯屿元代沉船遗址的水下考古重点调查成果报告。⑧

海防遗址方面也有进步。张敏根据南澳海洋聚落与海防遗址进行理论探索和实践，并重新梳理了海洋考古学的相关概念及国内海洋考古学的发展现状。⑨ 山东省水下考古研究中心汇聚了烟台、威海、青岛、日照、东营、潍坊等地的海防遗址调查成果。⑩

考古文物方面，杨勇提出了对东南亚地区出土的汉朝文物及其与汉代海上丝绸之路关系的研究，强调了这些文物在研究汉代海上丝绸之路

---

① 黄琳梓：《"南海Ⅰ号"出水仿龙泉瓷器产地研究》，《客家文博》2023年第1期。
② 田国敏：《"南海Ⅰ号"历史背景研究和出土物释读》，《客家文博》2023年第2期。
③ 陈浩天：《"南海Ⅰ号"沉船出土德化窑外销瓷初探》，《福建文博》2023年第3期。
④ 陈士松：《"南海Ⅰ号"和景德镇窑址青白瓷比较研究》，《客家文博》2023年第3期。
⑤ 肖达顺：《"南海Ⅰ号"沉船上的"广东罐"新探》，《文博学刊》2023年第2期。
⑥ 曹青松、蔡薇：《宋船"南海Ⅰ号"的航速与帆装探究》，《国家航海》2023年第1期。
⑦ 张枝健：《海洋出水凝结物的研究与处理——以"南海Ⅰ号"为例》，《客家文博》2023年第2期。
⑧ 国家文物局考古研究中心等：《大元遗帆：漳州圣杯屿沉船调查与保护（2010-2020）》，科学出版社，2023；国家文物局考古研究中心等：《漳州圣杯屿元代沉船考古报告之一：2021年重点调查》，文物出版社，2023。
⑨ 张敏：《海洋聚落与海防遗址：南澳海洋文化遗存调查研究》，上海古籍出版社，2023。
⑩ 山东省水下考古研究中心：《山东明清海防遗址调查报告（上、下）》，科学出版社，2023。

具体走向及海外贸易问题上的重要性。① 李强考究广州出土的唐五代时期波斯蓝釉陶的起源、使用人群、功能以及与海上丝绸之路的关系。②

海洋史料方面，朱思成探讨了18世纪末西班牙商人曼努埃尔·德·阿戈特绘制的《水道图》及其对珠江内河水道认知的影响，分析了该地图的测绘过程、版本流传及其在西方地图中的主导地位。③ 阮戈以《广州至澳门水途即景》图册为中心提出了对清代中期省河西路及其"内海防"的初步探讨。④ 李晓明再探和刻本《事林广记·岛夷杂志》，强调其作为宋代海上丝绸之路与中外交往史文献的重要性。⑤ 李金云和张誉馨指出宋代海上丝绸之路文本中的海外诸国书写反映了宋代士人的价值观念、审美情趣和思维方式。⑥

七　海洋学术史与学术活动

魏峻对2020年至2022年海上丝绸之路考古研究的新进展进行述评。⑦ 侯毅回顾海疆史研究发展历程并就新时期海疆史研究的发展方

---

① 杨勇：《东南亚地区出土的汉朝文物与汉代海上丝绸之路》，《四川文物》2023年第4期。
② 李强：《广州出土唐五代时期波斯蓝釉陶及其相关研究》，《文物天地》2023年第11期。
③ 朱思成：《18世纪末欧洲人的广州—澳门内河水道知识——西班牙商人阿戈特〈水道图〉的测绘及流播》，《海洋史研究》第21辑，社会科学文献出版社，2023。
④ 阮戈：《清代中期省河西路及其"内海防"初探——以〈广州至澳门水途即景〉图册为中心》，《海洋史研究》第21辑，社会科学文献出版社，2023。
⑤ 李晓明：《和刻本〈事林广记·岛夷杂志〉再探——宋代海上丝绸之路与中外交往史文献确证》，《文献》2023年第3期。
⑥ 李金云、张誉馨：《宋代海上丝绸之路文本中的海外诸国书写》，《中华文化论坛》2023年第2期。
⑦ 魏峻：《海上丝绸之路考古研究新进展述评（2020-2022）》，《故宫博物院院刊》2023年第12期。

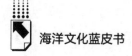
向和建设路径提出建议。①

国外学界方面，潘浩、潘洪钢赞扬布琼任关于"海上新清史"的倡议和具体研究成果。② 但吴四伍认为该概念暗含概念陷阱。③ 刘晓卉回顾西方英语学界海洋环境史研究的兴起、发展及其问题。④ 赵九洲对中国海洋环境史做回顾与前瞻。⑤ 韩国巍通过回顾英语学界海洋史研究的兴起与发展试图回答"什么是海洋史"的问题。⑥ 朱明提出了印度洋区域史研究在21世纪受到全球化影响呈现新的学术趋势，强调跨国流动、物质文明发展、思想文化传播以及对国家和帝国关系的重新思考。⑦

2023年海洋史相关学术活动较以往有大幅增长，内容涵盖海洋史研究中的多个方面。2月18~19日，中山大学历史学系、广东省博物馆共同主办"焦点：18—19世纪中西方视觉艺术的调适"学术研讨会。3月24~26日，广东历史学会、广东省社会科学院历史与孙中山研究所（海洋史研究中心）、岭南师范学院等联合主办"第五届海洋史研究青年学者论坛"。中山大学历史学系、中山大学广州口岸史研究基地举办多次与海洋史相关的工作坊。6月21日，举办中西历

---

① 侯毅：《海疆史学科建设刍议》，《史学集刊》2023年第4期。
② 潘浩、潘洪钢：《"海上新清史"：值得重视的学术动态》，《学术评论》2023年第1期。
③ 吴四伍：《"海上新清史"暗含概念陷阱——评布琼任〈海不扬波：清代中国与亚洲海洋〉》，《历史评论》2023年第6期。
④ 刘晓卉：《西方英语学界海洋环境史研究的兴起、发展及其问题》，《世界历史》2023年第3期。
⑤ 赵九洲：《由陆向海：中国海洋环境史研究前瞻》，《中国边疆史地研究》2023年第1期。
⑥ 韩国巍：《什么是海洋史？英语学界海洋史研究的兴起与发展》，《海洋史研究》第21辑，社会科学文献出版社，2023。
⑦ 朱明：《印度洋区域史研究的学术谱系及其全球转向》，《中国社会科学评价》2023年第3期。

史文化交流工作坊。7月6日，举办"广州研究的'文'与'物'"工作坊。11月18~20日，中国海外交通史研究会、广东历史学会、"海洋强国建设"广东省哲学社会科学重点实验室、广东省社会科学院海洋史研究中心、《海洋史研究》编辑部、国家社科基金中国历史研究院中国历史重大问题研究专项2021年度重大招标项目"明清至民国南海海疆经略与治理体系研究"课题组联合主办"第六届海洋史研究青年学者论坛"。11月26~28日，浙江海洋大学与中国历史文献研究会联合主办"中国海疆海洋历史文献研讨会"。11月27~28日，台湾"中研院"举办"2023年海洋史国际学术研讨会：航海、漂流与异域见闻"。

结　语

2023年的海洋史研究与去年相比更加活跃。学者关注的焦点五花八门，学术活动形式多样、多姿多彩。2023年在此前的基础上，推陈出新，百花齐放。这正反映了海洋史学科构建新发展格局，高质量发展，建设符合中国式现代化要求的新海洋史学科的特性。2024年海洋考古大兴，新材料不断涌现，我们可以期待未来在新材料、新方法的引领下，海洋史研究将有更进一步的发展。

B.3
2019~2024年中国海洋文学发展报告

毕光明　王建光　吴　辰*

摘　要： 2019~2023年，中国海洋文学的创作与研究进入了新的发展阶段，呈现与海洋事业越来越密切融合的态势，一大批致力于海洋文学研究和创作的作家、学者，积极响应党和国家的召唤，聚焦海洋发出时代强音，为推动蓝色经济发展，促进海洋文化交融，共同增进海洋福祉不断贡献文学力量。创作方面，作家们的自觉性明显有所提升，以不同的文体、不同的角度、不同的姿态来书写海洋，体现了中国作家的责任感与使命感以及对时代要求的呼应。其创作实绩及其艺术特点，反映在不同地域的作家群体的写作实践中。与之相比，评论研究进展更快，成就更大。由于沿海高校文学研究力量相当雄厚，随着海洋题材的创作受到关注，海洋文学研究队伍逐步壮大，研究领域得到了全方位介入，海洋文学理论研究、海洋文学史研究、海洋文学创作的地域分布研究、海洋文学作家作品研究，都取得新的收获，成果日益丰硕。作为海洋文学研究的特殊形式的海洋文学学术研讨会，进入规划阶段，系列性的研讨活动在海洋大省启动，预示着研究与创作互动，推动海洋文学更快发展的良好前景。

---

* 毕光明，湖北浠水人，文学博士，海南师范大学文学院教授，博士生导师，中国小说学会名誉副会长，中国世界华文文学学会副监事长，中国当代文学研究会常务理事。主要从事中国当代文学史与作家作品研究；王建光，甘肃永昌人，文学博士、海南师范大学文学院副教授、硕士生导师，中国当代文学研究会理事，主要从事中国当代文学、城市化与文学转型研究；吴辰，河南郑州人，文学博士，海南师范大学国际教育学院党委书记，副教授，主要从事中国现代、当代文学研究。

关键词： 海洋文学创作　海洋文学研究　区域性

海洋文学是海洋文化的重要组成部分，并且是最有生机与活力的部分，因为它是人与海洋的深层媾和，它对人类投入海洋事业具有激发想象、引导创造和审视价值的作用。2019~2023年，中国海洋文学的创作与研究进入了新的发展阶段，呈现与海洋事业越来越密切融合的态势，正如海南省委常委、宣传部长王斌在《推动新时代海洋文学高质量发展》①一文里指出的："新的历史时期，海洋文学发展迎来了黄金时期，一大批致力于海洋文学研究和创作的作家、学者，正积极响应党和国家的召唤，聚焦海洋发出时代强音，为推动蓝色经济发展，促进海洋文化交融，共同增进海洋福祉不断贡献文学力量。"

一　海洋文学创作的区域性贡献

海洋文学创作的长足发展，其背后是党和国家一系列建设海洋强国的重大部署，在"建设海洋强国是实现中华民族伟大复兴的重大战略任务""必须进一步关心海洋、认识海洋、经略海洋"的共识下，越来越多的作家们开始以不同的文体、不同的角度、不同的姿态来书写海洋。在近五年来的海洋文学创作中，作家们的自觉性明显有所提升，书写海洋体现了作家对时代要求的呼应，也体现了中国作家的责任感与使命感。本时期海洋文学的创作实绩及其艺术特点，反映在不同地域的作家群体的写作实践中。在国家的地理版图上，沿着海岸线，不同身份的作家们都立足于身边的海，各自书写着不同的海

---

① 王斌：《推动新时代海洋文学高质量发展》，《文艺报》2024年4月26日，第2版。

洋，而最有代表性的则是山东、广东和海南的作家。

1. 山东作家

赵德发、盛文强等作家各具风格，而张炜也在胶东半岛上书写着更多充满历史感与传奇性的海洋故事。2019 年，赵德发创作了长篇小说《经山海》，在 2021 年，这部小说被改编成了电视剧《经山历海》。这是一部反映新时代中国乡村振兴的现实主义作品，虽然是一篇"命题作文"，却展示出了百年未有的大变局之下山东沿海的沧桑巨变，小说中乡村振兴干部吴小蒿自强不息，在带领滨海渔村致富的过程中也在直面自己的命运。在《经山海》中，赵德发将沿海渔村的历史、文化、掌故等熔于一炉，在改编成电视剧后更是获得了巨大的社会影响力。2023 年，赵德发又创作了长篇纪实文学《黄海传》，通过梳理黄海的历史，钩沉一段海洋传奇。《黄海传》"钩沉黄海历史，讲述黄海故事"，最终将笔触落在了新时代的黄海，展现了黄海周边人民经略海洋的胆略和智慧，这是一部立足当下、回望历史、放眼未来的好作品。张炜在 2023 年也创作了长篇小说《到老万玉家》，作品以清末胶东沿海为背景，写出了一段海滨的隐秘历史。而盛文强的创作也颇具特色，自称"海洋文化学者"的盛文强近年来有《渔具列传》《蟹略》《郑成功》《赵之谦异鱼图》等问世，盛文强的创作很难用某种文体去圈定，在跨界的文体中，盛文强在对海洋里的众生万物进行钩沉。

2. 广东作家

林棹的《潮汐图》展示出了南方之海与众不同的气质。在《潮汐图》中，林棹书写着一个颇具魔幻色彩的故事，沿着珠江的流向，她写出了在世界大航海时代末期中国南方的衰落与躁动，她以巨蛙为主人公，自由穿梭于历史的真实与虚构之中，寻找着海洋对于中国的意义。陈崇正的《归潮》则以潮商赴海外经商为背景，写出了四代人向海而生的壮阔历史，潮是潮州之潮，潮也是海潮之潮，人的命运与海的命运紧紧相连，其小说中的历史背景与当下向海图强的国家战略有着深刻联系。擅长写中短篇小说的王威廉也在小说中经常书写海洋，如王干所言，在《岛屿移动》中，他写出了青年一代人的"架空状态和自我缠绕"。王威廉的小说中多有科幻色彩，而海洋往往出现在他对科幻世界营造的过程中，体现了作家对海洋问题的独特思考。孙频也在海洋文学方面颇有建树，在《海边魔术师》《落日珊瑚》《海鸥骑士》等作品中，这位出生于内地的作家对海洋的书写已经形成了自己的风格，在悬疑与奇观之中，孙频笔下的海洋隐藏着秘密，并等待着向有缘人倾诉，这种来自海洋的悬疑感是极其吸引读者的。

3. 海南作家

近年来，海南有关海洋文学的活动十分踊跃，显示出了海洋文学的活力。在海南省作家协会的支持与领导下，海南凝聚起了一支强大的海洋文学创作队伍，表现出了"集团作战"的特点，贡献了一批社会反响好、文学价值高的海洋文学作品。2022年的"海南日记"等活动邀请刘醒龙、胡竹峰、文珍等作家深入海洋、书写海洋，让更多人看到了海洋的故事，吸引更多作家投身于海洋文学创作。海南海洋文学的发展得到了《诗刊》《人民文学》等文学刊物的支持，《人民文学》曾在一期之内集中发表林森、王姹、植展鹏的三篇海洋文学作品，这一集体亮相打出了海南海洋文学的旗号。林森的"海洋三部曲"（《海里岸上》《唯水年轻》《心海图》）是海南海洋文学创作的重要收获，而他的《岛》则将人的孤独置于海上孤岛之中，所思考的问题充满了哲学色彩。杨道的《蔚蓝之书》则以文化随笔的形式钩沉海南沿海的历史，寻找着海滨的文化底蕴。蔡葩则以民间口述的形式探寻着大海的秘密，风在海上吹，文化也在海上交流，她的一系列文化散文在文学价值之外还颇具学术价值。孔见的《海南岛传》是一部带有明显史诗色彩的小说，这部小说以精密的结构和史诗的气质书写这部海南岛的传记，其目的正是在重新思考和建立海南海洋文学的内涵与根基，显然，孔见的尝试是成功的。在海南，"闯海人"是一个颇具影响力的群体，也构成了海南海洋文化中非常重要的一环，近年来，唐彦出版了"闯海人三部曲"（《原罪·天堂岛》《白沙门》《岛城往事》），展示了闯海人的激情与艰辛。而儿童文学作家邓西则在《鲸歌岛的夏天》一书中写出了她对海洋与陆地不同审美建构的观察，其中的思考是超越儿童文学的，反映了对人与海洋之间关系的思考。另外，许晨的报告文学《全海深——中国"奋斗者"探秘深海》写出了中国海洋深潜的艰辛历程与辉煌成就，介绍了中国在海洋探索方面的勇气与成就，展示了东方大国在海洋方面的胆识与担当。目前，海南的海洋文学已经突破了对海洋题材性的认知方式，开始从审美建构、谱系溯源、历史发掘等各个角度对海洋文学进行深入探索，并将海南海洋文学与自贸港发展、东坡文化、海权维护、生态保护等方面紧密结合，进而形成了多姿多彩的海南海洋文学系列作品。

不必回避的问题是，虽然创作海洋文学已经成为绝大多数作家们的创作共识，但是就小说和散文方面而言，海洋文学的整体创作数量还是相对较少，许多小说的"海洋"特质并不是特别突出，其中原因可能是由于作家们对海洋的理解和认知仍需要深化，一些具体的范畴和概念仍需要厘清，在创作时海洋意识的自觉程度也有待提升。相对于小说和散文创作，诗歌创作虽然也面临着同样的创作瓶颈，但是整体数量持续保持上升态势。尤其是在《诗刊》的支持下，在福建、浙江、海南等地举行了多场海洋文学的创作采风及研讨活动，声势浩大。目前，在福建霞浦以汤养宗、刘伟雄等人为代表，在浙江舟山以谷频等人为代表，在海南以江非、陈波来、郑纪鹏、陈三九、洪光越等人为代表，形成了多个海洋诗歌创作群落，各具地域特点。在北京，另有有沿海生活经历的杨碧薇、符力等人为代表。但是，为诗歌体裁所限，这些海洋诗歌普遍也存在着同质化、浅表化的问题，这也是海洋诗歌的创作者所要直面的重要挑战。

二 海洋文学评论研究的展开与深化

2019~2023 年，随着海洋在我国战略全局中的地位不断提升，海洋文学研究队伍逐步发展壮大，海洋文学研究成果日益丰硕。在落实中央"加快建设海洋强国"的号召、提升全民族的海洋意识、弘扬中华优秀海洋传统文化等方面，海洋文学研究正在发挥着越来越重要的作用。

1. 海洋文学研究概况

在中国知网以"海洋文学"为关键词检索，1979~2023 年共计168 篇文献，其中 2019~2023 年共计 41 篇文献，占比 24.4%。这表明 2019~2023 年的海洋文学研究进入了蓬勃发展时期。表 1 可见，文学史研究是海洋文学研究中最为重要的内容；海洋文学创作的地域分布研究大致呈现逐年增加趋势，经查阅具体文献可知，这与近年来海南海洋文学的异军突起有着密切关系；而仍需进一步加强的是海洋文学理论研究和海洋文学作家作品研究。

表 1　2019~2023 年中国知网全部期刊、报刊海洋文学相关文献检索情况

单位：篇

序号	研究内容	2019 年文献数	2020 年文献数	2021 年文献数	2022 年文献数	2023 年文献数
1	海洋文学理论研究	1		2	3	1
2	海洋文学史研究	4	6	4	1	2
3	海洋文学创作的地域分布研究		2	1	3	5
4	海洋文学作家作品研究			3	2	1
	合计	5	8	10	9	9

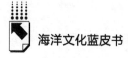
在读秀（www.duxiu.com）以"海洋文学"为书名检索，1950~2023 年共计 73 部著作，经查阅文献目录，其中海洋文学研究著作共 45 部，2019~2023 年海洋文学研究著作共 12 部，占比 26.7%。这表明 2019~2023 年的海洋文学研究著作出版也进入了高速发展时期。由表 2 可见，几乎全部为中国古代海洋文学史、中国现代海洋文学史著作，这表明系统梳理中国海洋文学发展脉络，以此建立中国海洋文学话语体系，已经成为学界的共识，并成为共同努力的方向。同时，海洋文学理论研究专著和海洋文学作家论的出版应成为今后重点突破的方向。

表 2　2019~2023 年海洋文学主要著作出版情况

序号	书名	作者	出版社	出版年份
1	《沧海寄情：话说浙江海洋文学》	张如安	浙江大学出版社	2019
2	《湛江海洋文学》	张德明	南海出版公司	2019
3	《生命叙事的三重奏——中国新文学中的乡土、海洋及女性书写研究》	王爱红	天津人民出版社	2019
4	《中国古代海洋文学教程》	张平	吉林大学出版社	2021
5	《海洋美术与文学》	徐朝挺、李红雁	海洋出版社	2021
6	《20 世纪山东海洋文学研究》	贾小瑞	新华出版社	2021
7	《中国历代海洋文学经典评注》	冷卫国	山东画报出版社	2021
8	《中国古代海洋文学史》	倪浓水	浙江大学出版社	2023
9	《中国古代海洋文学作品评析》	蔡平、马瑜理、闫勖	暨南大学出版社	2022
10	《中国现当代海洋文学作品评析》	叶澜涛、卢月风	暨南大学出版社	2022
11	《中国古代岭南地区的海洋文学研究》	刘云霞	九州出版社	2022
12	《溯潮观海·中国海洋文学发展》	李雪	中国海洋大学出版社	2023

2. 海洋文学研究的重要收获

（1）海洋文学理论研究

以现代性视阈重新审视海洋文学书写及研究范式的嬗变。罗伟文以现代性观念界定海洋文学的概念，概括、提炼了海洋文学的两种典型书写范式：人类中心论范式和生态范式。认为启蒙运动之后，海洋文学的书写主要遵循人类中心论范式，而伴随着人类社会整体对生态文明的呼应，海洋文学书写出现了向生态范式的演变，而只有以主体间性为哲学基点，以生态美学为新的理论形态，树立生态主义世界观，方能真正建立新的海洋文学书写及研究范式。①

立足中国当代海洋书写的现实，建构评判海洋文学价值的话语体系。叶澜涛认为，中国当代文学中的海洋书写解读方法可分为社会学解读法、启蒙解读法、生态解读法，实际上这也呈现了当代海洋文学的发展历程。判断海洋文学的价值高低及其代表性时，需要重点关注"海洋意识"。所谓"海洋意识"，不应将海仅视作人物活动的场所，猎取资源的对象，或精神与理想的投影，更应将"海"视为独立自主的客体，视为生机勃勃的自然环境，视为与城市、乡土同等的需要了解和尊重的对象，视为与人的生命体验相互交融的场域。同时，这种将海视作独立客体的价值取向将代表着未来海洋书写的方向。②

推动海洋文学类型化研究。毛明在对中国海洋文学研究进行整体性回顾的基础上，认为通过充分地界定海洋文学的内涵、外延、特征，海洋文学将成为一种重要的文学类型。开展科学的海洋文学类型化研究，需要引入生态思想以重新审视"海洋性""人文性""文学性"的关系，需要建立符合海洋文学特征的批评体系，从而让海洋元素丰富中国文学与中华文明的内涵，并为人类与海洋和谐共处打下坚实的文学基础。③

---

① 罗伟文：《论现代性视阈下海洋文学的书写范式嬗变》，《集美大学学报》（哲学社会科学版）2019 年第 2 期。
② 叶澜涛：《中国当代文学中海洋书写的解读路径》，《浙江海洋大学学报》（人文科学版）2021 年第 4 期。
③ 毛明：《中国的海洋文学研究：回顾与展望》，《海南开放大学学报》2022 年第 1 期。

构建具有中国特色的"蓝色诗学"话语体系。王松林认为，海洋文学有广义和狭义之分，但都体现着特定的海洋精神和海洋意识。目前海洋文学的研究方法已经超越海洋文学的本体论研究，开始采用跨学科研究方法，从地缘政治、人类学、历史学等视角关注海洋文学中的海洋与民族身份、海权与国家形象、海洋与生态等话题。当下，需要进一步加强对海洋文学的理论研究，推进海洋文化和海洋意识研究，提升中国的海洋文化软实力。更为重要的是，在"海洋强国"和"海洋命运共同体"的语境下，需要构建具有中国特色的"蓝色诗学"话语体系。①

（2）海洋文学史研究

多部中国古代海洋文学史的出版，全景式地展现了中国古代海洋文学发展的辉煌成就。尤其值得关注的是，倪浓水以时代变迁为经，以海洋小说、海洋散文和海洋诗词歌赋为纬，梳理、分析和描述从先秦至晚清的中国海洋文学发展脉络，总结、提炼中国古代海洋文学的规律性因素，撰写出了一部系统、完整的通史性质的中国古代海洋文学史。② 同时，关于中国古代海洋文学经典作品评注、评析的著作，也以选本的形式揭示了中国古代作家的海洋观念，相对完整地展示了中国历代海洋文学和海洋文化的特质。③ 此外，还有多部地域海洋文学史相继面世，诸如浙江海洋文学史④、湛江海洋文学史⑤、岭南海洋文学⑥，均以地方性特征凸显了中国古代海洋文学的多元样貌。不

---

① 王松林：《"蓝色诗学"：跨学科视域中的海洋文学研究》，《解放军外国语学院学报》2023 年第 3 期。
② 倪浓水：《中国古代海洋文学史》，浙江大学出版社，2023。
③ 冷卫国主编《中国历代海洋文学经典评注》，山东画报出版社，2021；蔡平、马瑜理、闫勖：《中国古代海洋文学作品评析》，暨南大学出版社，2022。
④ 张如安：《沧海寄情：话说浙江海洋文学》，浙江大学出版社，2019。
⑤ 张德明：《湛江海洋文学》，南海出版公司，2019。
⑥ 刘云霞：《中国古代岭南地区的海洋文学研究》，九州出版社，2022。

过，关于中国古代海洋文学，也有近年来海洋文学热中的"冷思考"，李清源认为中国古代的海洋书写，大多是以大陆立场为书写本位，以道家理念为审美源头，以局外观望和想象为书写姿态，这是由中国古代特殊的海洋经验决定的。中国古代并没有真正意义上的海洋文学，严格意义上应该称为涉海文学。①

中国古代海洋文学向现当代海洋文学的转型，也成为海洋文学史研究的重要内容。张志忠认为，中国的海洋文学既有内在的连续性，也有其明显的阶段性。古代海洋文学向现代海洋文学的转型，表现出从天人合一观念转向人的自我发现、自我解放的境界，从中央之国、四海蛮夷的倨傲自大转向五洋四海、列强环视的国族危机意识，从盛衰循环、治乱相继、周而复始到公历纪年一去不返的时间观，从陆防到海防、从陆权到海权之重心转移的国防观念等特征。进而，勾勒出转型之后中国现当代海洋文学的"全貌"，从黄遵宪、梁启超到郭沫若等现代诗人的海洋诗歌，从吴趼人的海洋科幻小说、刘鹗的海岛乌托邦小说，到左翼海洋小说、浪漫派海洋小说、红色经典海洋小说、新时期海军题材小说、航海小说，以及新世纪以来的海洋旅行文学。同时，他还指出了近现代的欧洲海洋文学、当代俄苏海洋文学对中国现当代海洋文学创作的重要影响。② 卢月风则认为，"海洋"作为一个承载理想、自由、乡愁、革命等丰富内涵的物象，折射出中国现代作家的主体精神走向与文学观念的变革。整体上来看，中国现代文学中的"海洋"书写没有局限于"遥望""寓言""神话"等古典文学时期的审美形态，但也不同于西方海洋文学中征服自然、海底探索、海外掠夺等立体多元的价值观念，而是始终纠缠着日常与先锋、抒情与叙事、

---

① 李清源：《大陆命题下的海洋书写——中国古代"海洋文学"刍议（上）》，《南腔北调》2020 年第 9 期。
② 张志忠：《关于中国现当代海洋文学创作的若干思考》，《南方文坛》2023 年第 5 期。

现代与传统、漂泊与乡土等复杂的情愫，形成了滞重而悠远的特征。①

关于中国当代海洋文学发展的问题，叶澜涛围绕海洋意象的嬗变，将中国当代海洋文学划分为三个阶段：1949~1978 年是革命化的海洋，将海洋视为政治斗争的战场，涌现出革命海战题材小说，海员与海运题材、渔民的生产战斗题材等海洋小说；1978~2000 年是人文化的海洋，回归日常生活，同时也受到商品浪潮的冲击，出现了海洋伤痕文学、海洋爱情小说、海员远洋航行、商业化浪潮冲击下的海军题材等新的海洋叙事；2000 年至今是生态化的海洋，回归海洋的自然属性，强调人与海洋的和谐共生，除了海员等群体以外，科研人员、运动员等新群体成为新的表现对象，而中国台湾生态海洋文学的异军突起和中国大陆海洋题材的非虚构写作的大量出现成为这一阶段的显著特征。② 彭松聚焦于 20 世纪 80 年代文学中的海洋热，认为海洋作为想象世界的装置，以隐喻的方式赋予转型中的中国新的想象，并重构着当代中国与世界、与现代化之间的认识关系。蕴含时代意识的海洋，是主体性审美精神的投射，映现了个体化的自我超越和内在能动的美学意念。20 世纪 80 年代承袭了五四以来"大海"书写的传统，并以时代的思潮赋予其新的宏大象征，然而一种日常化的解构意识的渗蚀，也预示了激进现代性的话语方式面临的困境。③

在海洋文学史研究中，江玉琴对中国近现代海洋科幻文学的历时性梳理提供了认识海洋文学的新视角。江玉琴认为，海洋科幻文学是中国近现代海洋文学重要的亚类型，经历了晚清与民国、"十七年"、新时期、新世纪四个阶段，呈现为海岛叙事、海人叙事和海洋文化叙

---

① 卢月风：《中国现代文学中的"海洋"：经验怀想与主题形态》，《当代文坛》2021 年第 3 期。

② 叶澜涛：《中国当代文学的海洋意象嬗变》，《当代文坛》2021 年第 3 期。

③ 彭松：《论 1980 年代文学中的海洋热》，《中国现代文学研究丛刊》2021 年第 9 期。

事三个面向。在海岛叙事中，海盗形象既表征为科幻前沿隐喻，同时也是作为现实与想象的交汇点，象征乌托邦或"恶托邦"场域；在海人叙事中，海人形象表征了人类未来身体形态及其文明发展，表达了创作者对文明未来的忧思并提出可能路径；在海洋文化叙事中，海洋文化被刻画为与陆地文化相生相伴、相辅相成的存在，创作者还以家园意识重审中国科幻可能的海洋文化发展。进而指出，在新世纪以来中国科幻文学"走出去"的过程中，中国海洋科幻文学以开放、包容的心态探索人类文明与海洋文化，建构了中国海洋科幻文学的世界图景，拓展了中国海洋文学的广度与深度。①

关于台湾地区海洋文学的变迁，成为海洋文学史研究的焦点之一。卞梁、孙加冕指出，海洋文化在台湾地区的部落口传文学、神话传说、民间故事等中有所体现。首先，海洋以其温柔又残酷的两面性，塑造出台湾人矛盾的两面性格，并为海洋民间信仰的兴盛提供了条件。其次，海洋使崇拜英雄和尊重女性成为台湾社会层面的重要共识，并建立起包括神明崇拜、载具崇拜在内的信仰体系。再次，海洋对传统文化在台湾的滥觞起到了早期催化作用，社会和谐、家庭和睦、朋友和气等基本守则以海洋故事的方式广为人知。② 席妍认为，台湾地区周围海洋因其特殊的地理位置和空间特征，展现出较为殊异的海洋风貌，而清代文人对于海洋自然空间的想象和认知，则凸显了台湾地区海洋风景书写崇高悲壮、瑰丽奇谲、自在无羁、周游自适的审美特征，从侧面反映出中国人海洋意识的逐步觉醒以及海洋视野的拓展。③ 罗伟

---

① 江玉琴：《论中国海洋科幻文学的世界图景建构》，《广州大学学报》（社会科学版）2023年第5期。

② 卞梁、孙加冕：《浸润与连结：台湾早期海洋文学中的文化意涵》，《三明学院学报》2020年第1期。

③ 席妍：《论中国古典文学中的台海风景书写及其审美特征》，《名作欣赏》2019年第33期。

文则揭示了台湾地区海洋文学对现代性弊端的深刻反思，具体表现在质疑和批判现代性崇尚的工业化和科技对自然带来的生态恶果，展现台湾现代性的生存真相，揭示现代性过程中对人造成的身心伤害，瓦解现代性的根基主体性，以主体间性和在地性想象开拓了走出主体性危机的新视角。[1] 陶兰、李永东关注巴蜀迁台诗人与台湾地区当代海洋诗歌的关系，认为海洋诗是台湾地区当代诗歌中独具特色的创作新潮。巴蜀迁台诗人则是在 1949 年前后因社会巨变而从故乡巴蜀迁徙台湾的诗人群体。70 年来，他们在台湾当代海洋诗歌领域的耕耘和收获颇丰。20 世纪 70 年代以前，以覃子豪为代表的巴蜀迁台诗人主要是以诗歌创作、诗歌理论、队伍建设为台湾当代海洋诗开启了新潮。20 世纪 70 年代以后，以汪启疆为代表的巴蜀迁台诗人在壮大队伍、兴盛创作，彰显诗歌海洋特性和改变"隔岸观海"的传统书写模式等方面，促进了台湾当代海洋诗的重大突破和发展。[2]

（3）海洋文学创作的地域分布研究

2019~2023 年，海洋文学创作的地域分布发生了明显的变化。其中最引人关注的是海南海洋文学形成颇具气候的潮流，并成为学界关注的重要创作现象。马良认为，随着海洋意识的勃兴，海南作家一方面追索海南历史文化传统与现实中海洋文化的因素，另一方面强化当代的海洋意识，以群体性的海洋文学的自觉与自信为回应，正在将海南海洋文学打造为中国海洋文学新的高地。海南海洋文学中具有代表性的创作，包括孔见的《海南岛传》、林森的《岛》、李焕才的《岛》、陈吉楚的诗集《岛岛岛》，还有黄宏地的海南人物散文、崀崀的海口市井小说、王海雪的海洋小说、王卓森的海岛"村庄系列"意象散文、龙敏的黎族心灵史小说，以及叶传雄和唐鸿南的黎族散文

① 罗伟文：《台湾地区海洋文学对现代性的反思》，《上海文化》2020 年第 2 期。
② 陶兰、李永东：《巴蜀迁台诗人与台湾地区当代海洋诗歌——以覃子豪、汪启疆为例》，《中华文化论坛》2020 年第 1 期。

和诗歌等。除了作家的努力外，海南省作协不遗余力地主抓海洋文学创作，成立海洋文学研究中心，举办高水平的新时代海洋文学研讨会，这些举措对近年来海南海洋文学的繁荣起到了极大的推动作用。① 同时，随着"新南方写作"成为文学界和研究界关注的焦点，曾攀认为，海南海洋文学正在为中国海洋文学创作提供一种全新的地方路径。② 面对海南海洋文学创作所迎来的高潮，曹转莹认为，海南海洋文学在题材与体裁方面都有所突破，呈现现实主义再现性海洋文学与儿童创造性想象两种不同的创作题材，包括非虚构写作、报告文学、小说、散文、诗歌、儿童文学等更为全面的体裁。不过，她也指出，海南海洋文学的"海洋性"比较直露，对海洋精神内涵的把握并不充分。新时代海南海洋文学需要在叙述方式与表现对象上进行更迭，并且要不断深入海洋文化的新的空间叙事的范畴，从而找寻到海南海洋文学发展的动力和方式。③

粤港澳地区自来就是海洋文学创作的重要区域。张衡以新世纪以来粤港澳地区海洋族群书写为切入点，就笔名为"宵妈拆蟹"的香港作家的小说《大捞便·小捞便》、阳江作家冯峥和洪永争的"水上人家"系列小说、深圳作家南翔的小说《老桂家的鱼》等作品，深入分析了粤港澳地区海洋族群书写所展现出的区域独有的"以舟为家海为生"的社会现象级文化经验，以及塑造的独特的海洋人物，揭示了粤港澳地区族群书写为当代海洋文学所打开的独特的书写视野和表现空间。④

---

① 马良：《建设海洋文学高地》，《今日海南》2021 年第 2 期。
② 曾攀：《汉语书写、海洋景观与美学精神——论新南方写作兼及文学的地方路径》，《中国当代文学研究》2023 年第 1 期。
③ 曹转莹：《动力·方式·启示：当代海南海洋文学想象方式观察》，《天涯》2023 年第 6 期。
④ 张衡：《论新世纪粤港澳文学中的海洋族群书写》，《五邑大学学报》（社会科学版）2023 年第 3 期。

地处东海的舟山群岛，近年来逐渐形成了一个带有鲜明海洋文学气息的诗歌写作群体——"群岛诗群"。在这些土生土长的岛民诗人的创作中，回溯舟山海域的人文历史和时代内涵，从价值意蕴角度洞察海洋文化独特的精神传统。研究者指出，"群岛诗群"的海洋文学创作正在为海洋城市建设注入重要的文化力量。①

（4）海洋文学作家作品研究

阎怀兰关注当代重要作家张炜小说中的海洋生态诗学，认为海洋是张炜小说中或显或隐的存在。张炜小说的第一个十年，是对纯洁海洋生态美的赞歌。张炜小说的第二个十年，侧重于批判矛盾、海洋生态恶化与人海矛盾化、人性丑化、人与大海的关系激化。张炜小说的第三个阶段，以魔幻的寓言式海洋书写，构建了三个层面的海洋生态诗学：自由自在海洋的诗性审美、矛盾冲突海洋的魔性审丑、多种生灵在多重时空共处并行的神秘海洋之境。张炜小说中的海洋生态诗学，是中外海洋文学延长线的继承和新变。② 同时，海南青年作家林森及其"心海"三部曲（《海里岸上》《唯水年轻》《心海图》）颇为引人关注。曾攀将林森的创作置于近年来兴起的"新南方写作"之中，指出林森的海洋叙事是一种去奇观化的写作，构成了海南地方性书写的重要路径。林森的中篇小说《海里岸上》所谈及的南海主权问题，是对国家战略、意识形态的一种呼应，而《唯水年轻》的"年轻"意味着南方的复魅与新生，是在南方新的场域中构筑起的新语法。③

山东作家山来东、广西作家庞白都有着海员生活经历，但在他们

---

① 陈静：《现代海洋文学如何助力现代海洋城市建设》，《舟山日报》2023年5月9日，第3版。

② 阎怀兰：《张炜小说中的海洋生态诗学》，《当代文坛》2021年第3期。

③ 曾攀：《汉语书写、海洋景观与美学精神——论新南方写作兼及文学的地方路径》，《中国当代文学研究》2023年第1期。

各自的作品中，又有着对海洋的不同书写。孙亚儒指出，山来东的长篇小说《彼岸》是一部描写海员海上生活的长篇小说，并且成功地将海员、偷渡者、海盗、海嫂等诸多经典海洋人文元素糅合进情节叙述之中，生动地描绘了"德宁轮"从非洲到中国的航海传奇之旅。小说中以陆洋为代表的新一代海员，无论在道德还是在情感上都展现出了中国作为大国提倡的"人类命运共同体"的担当意识。这是中国文化由陆地向海洋的文化延伸，更是国家民族文化对海洋文化的探索与建构，体现了海洋文学中中国海员知识分子面对国际问题的主动担当。尤其值得注意的是，《彼岸》中所出现的中英文多重文本的交叉，是中国海洋文学走向国际化文学创作的一种大胆尝试。① 张宗刚指出，庞白的散文集《慈航》，其独特性在于凸显了海以及海上生活的平和、醇厚、淡然，海员是真实的平民，《慈航》是平民的海洋文学。从美学风格而言，这无疑丰富了近年来海洋文学创作的精神内涵。②

在近年来的海洋文学作家作品中，研究者还关注到了报告文学作品。吴光宇、温奉桥指出，许晨的"海洋三部曲"（《第四极——中国"蛟龙"号挑战深海》《一个男人的海洋——中国航海家郭川的故事》《耕海探洋》）中所塑造的科研专家、潜航员等英雄人物，承担着为作家所认同的时代精神与核心价值观赋形的功能，文本交织着个人成长史与国家海洋科技发展史，展现了中国航海科技人员的先进事迹与奋斗精神，从超越民族主义的全球眼光及文明史视野辐射中国海洋观念与海洋科技发展历程。许晨将历史化的海洋-国土观念、谱系化的海洋科技建设嵌入长时段的举国体制、民族复兴、全球体系、地缘政治格局，使海洋被改造为世界性的话语生产空间与主体交往空

---

① 孙亚儒：《论山来东长篇小说彼岸中的海洋书写》，《百家评论》2023 年第 3 期。

② 张宗刚：《庞白的海洋文学创作解读》，《南方文坛》2021 年第 5 期。

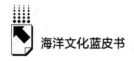
间，容纳了人类在历史与现实中的抉择与期许、困境与超越。这种创作不仅为国内海洋报告文学的发展开辟了道路，还为参与讲述"中国故事"、书写"中国气派"的文学实践提供了方向。①

三 海洋文学研讨会的学术推进

近五年里，作为汉语文学题材类型之一的海洋文学，在文学世界里的地位得到提升，文化特性加强，影响越来越大，促使人们认识海洋和重视海洋的社会作用得到发挥，除创作的深化与进步，评论研究的全方位展开之外，学术研讨会的召开也起了重要作用，而这样的研讨会主要在进入特殊发展时期的海南省举行。海南不仅是海洋大省，也是在国家海洋战略中具有独特功能的省份，2018 年，中央部署海南建设国际自贸港和自贸岛，海南成为中国从海上影响世界的发展的前沿地带。海洋建设，文化先行，作为海洋文化的组成部分，海洋文学的发展得到党和政府的高度重视，在省委省政府的领导下，海南宣传文化部门、高等院校和学术界，积极投入海洋文学的理论建设和现象研究，以学术研讨会的形式搭建平台，联系全国的专家学者共同推进海洋文学的研究与学术建设。自 2023 年起，海南开始连续主办全国性的海洋文学学术研讨会，取得了重要的成果，产生了较大的反响，把海洋文学的学术文化建设推到了新的起点。

2023 年 4 月 7 日至 9 日，在海南博鳌举行的"新时代海洋文学研讨会"由中国作家协会、海南省作家协会、海南师范大学、中共三沙市委共同主办。来自北京师范大学等全国 20 余所高校的专家学者和部分海南作家共 80 余人参加了研讨。这次研讨会，是在贯彻落

---

① 吴光宇、温奉桥：《"总体性"海洋形象的书写与建构——以许晨报告文学"海洋三部曲"为中心》，《百家评论》2022 年第 5 期。

实"二十大"精神，加快建设中国式现代化国家的时代背景和习近平总书记就启动海南自贸港建设在海南讲话五周年之际召开的，这样的背景和时间节点，对海洋文学进行研讨，其意义就在于呼应建设海洋强国的国家战略。在4月8日的开幕式上，未能到现场参会的中国作协书记处书记、《人民文学》主编施战军通过视频表示，中国式现代化进程包含了海洋文明的发展，文学史的演进需要中国式海洋文学总结经验，寻觅规律，找到新起点，宽广深邃的视野和动感十足的新生命已经在以海南为代表的创作群落中展开了。中国现代文学研究会会长刘勇认为，在新时代构建人类命运共同体过程中，海洋文学创作与研究有着独特的价值，是文学顺应时代潮流、讲好中国故事、积极参与社会文化建设的最新趋势之一，也是中国现代文学传统的继承和发展。海南作家协会主席梅国云说，书写新的海南故事、绘制海南文学的新篇章是新时代赋予海南作家的神圣使命。

这次研讨会呈现出多学科协同掘进、研究与创作互动、青年学者担当重任的特色。

1. 多学科协同掘进

通常，文学类的学术研讨会由二级学科举办，这次海洋文学学术研讨会，虽然也是以中国现当代文学学科为主体，但是博鳌海洋文学研究会从研究主体、理论凭恃和研究方法看，却汇集了中国语言文学一级学科的研究力量。大会一共收到43篇论文，举办了4场大会报告，分两个组开展了两个环节的讨论与对话。包括主持人、评议人在内，有70余人次做了发言。论文和发言围绕9个议题进行，从海洋文学理论、海洋文学史、海洋文学批评三个方面对中外海洋文学进行了发掘、思考与研讨。关于总体研究的论文，涉及海洋文学概念的界定与辨析，中外海洋文学演进史的勾勒，中外海洋文学的垂直比较与平行研究，中外特别是当代中国海洋文学流派、创作群体、现象、作家作品的分析与评价。这些论文主要有张志忠的《关于中国现当代海洋文学研究的若干思考》、曹转莹的《动力·方式·启示：当代海南海洋文学想象方式观察》、毛明的《中国的海洋文学研究：回顾与展望》、席建彬的《关于中国海洋文学研究的一点思考》等。在总体研究的论文里，有一些是从或一主题或某一角度进行考察的，如陈祖君的《山地文化视野下中国海洋文学》、龙其林的《中国当代生态文学的海洋书写与文化反思》、叶澜涛的《论中国当代文学中海洋意象的嬗变历程》、王泉的《中国当代小说的海权书写》等。由于海洋文化体现于海洋文学自西方始，因此比较文学与世界文学专业就在海洋文学研究中表现出它的优势。此次研讨会的外国文学研究和比较文学视角的论文，有樊星的《海明威的〈老人与海〉与中国当代文学》、罗璠、李论、文坤怿的《古希腊神话中的海洋文化特性与张力的呈现》、管新福《十八世纪英国小说中的海外题材与商人贸易》、蒋秀云的《航海图：海洋文学研究的新领域》、刘黎的《1937~1945年中日文学涉海文学中的海南形象》、郭洪雷的《"海洋文学"如何进入中国当代文学？——以莫言的经典阅读为例证》等，其中航海图的研究为海洋文学研究提供了知识背景。应该感到庆幸的是，古代文学里的海洋文学也有研究论文提交到会上，即刘珊珊的《试论唐人感知中的"滨海地域"》。比较文学与古代文学的内容及研究方法给我们的启示是，海洋文学研究应当构建中国的海洋文学理论和书写本民族的海洋文学史。在这个意义上，这次研讨会将是海洋文学批评研究的新起点。更引人关注的是，语言学也是研究海洋文学的学术支撑，段曹林的《修辞幻象：唐诗中的海洋言说》可谓别开生面。除了诗歌、小说、散文等文学体式之外，多种艺术形式与文学品类如电影、网络文学、类型文学也都进入了研究视野，如电影方面有房默的《当代中国海洋文化建设中的有益探索——重识电影〈南海风云〉》、谭泽海的《二三十年代的中国电影海洋书写》、陈立得的《〈大鱼海棠〉的海洋意象探析》。网络文学有吴金梅、谢丽萍的《中国网络文学中的海洋书写及其价值》，类型文学有陈红旗的《采珠传说、射日神话与南海青铜文明的消逝——读天下霸唱的〈鬼吹灯之南海归墟〉》等。海洋文学研究由此打开了广阔的视域。地域性和特定作家群体的研究在此次研讨会上也有有力度的表现，如张平的《南海文学共同体论纲》、张祖立的《新时期以来大连作家的海洋书写》、汪荣的《地方路径视野下的新世纪文学——"新南方写作"的话语建构与文化想象》、王光的《雨中风景——打捞南方的诗学》、唐诗人和谢乔羽的《岛屿、海洋与新南方写作——海南文学近作观察》、曾攀的《海洋文学的新南方写作》、曹转莹的《动力·方式·启示：当代海南海洋文学想象方式观察》、石晓岩的《山海别恋——海南黎族作家的热带岛屿写作》、智宇晖的《海南黎族的洪水神话考——比较的视角》等。中国沿海省份从北到南海洋文学创作的历史与现状，值得全面考察。南方写作是一种后发性的，但因其与海洋更为近切，故而新南方写作和海南写作中的海洋文学体现的是南方的生力，在中国当代海洋文学版图上是更引人注目的板块。不同于内地的少数民族，海南的少数民族是被海水圈禁的生存群体，因而少数民族文学研究这一学科分支在海南海洋文学研究中大有作为。这类研究运用了民族学、神话学、文化人类学等理论方法，会有独特的发现。黎族的洪水神话启发我们思考，为何居于山中的民族也有大洪水记忆，它是否记录并保存了洪水涌起、陆地断裂、海南岛形成的远古景象。作家作品研究占了论文集的相当比重。王学东的《海洋文化与冰心的诗歌创作》、马炜的《秦淮河景观的人文观照——论朱自清和俞平伯的同题散文〈桨声灯影里的秦淮河〉》、李建周的《无帆船的西海之旅——兼及马原先锋写作的身份问题》、汪霖霖的《一半是火焰，一半是海水——论王朔及其作品的海洋气质》、徐勇、王雅萍的《总体性的重建及其难度——关于李斯江的〈黄金海岸〉》、吴慧珊的《徐訏的乡土书写与海洋书写研究》、赵牧的《在文本交叉中穿越时空——论王秀梅的〈航海家的归来〉中的海洋叙事》、柯继红的《流放的自由与不曾流放的爱》。对海洋文学作家作品的研究，此次研讨会是以海岸文学为重点的，如曹转莹的前述论文，毕光明的《沧海何曾断地脉：海南写作与文化认同——以孔见的〈海南岛传〉为例》、吕银飞的《城乡转变与海南本土作家的海南书写——以崽崽、林森小说为中心》、谢尚发的《什么是海洋：海洋、岛屿和风习与文学及其它——林森近作阅读札记》、张琦的《把个体的尺寸缩减到合理的比例——论林森小说中的海、岸、岛与人》、吴辰的《新南方视域下的海洋书写——论林森的海洋文学创作》、王建光的《从小镇到海洋：林森短篇小说中的海南"成长"故事》、李安祺的《向海而生——论〈岛〉中岛的象征意义》、张艳的《论杨道海洋书写——以〈蔚蓝之书〉为中心》等。林森近年的海洋书写，是海南，也是中国海洋文学最大的亮点，因此，他的创作成为此次研讨会的重要研究对象就不奇怪。林森的海洋书写具有地道的南方品质，也因而对中国沿海省份的海洋写作提供了巨大的启示。学科化的海洋文学研究，其成果体现于上述论文中，现场研讨许多的即兴发言，特别是担任主持和评议的阮忠、贾振勇、周翔、张硕果等学者的精彩评点，更是把研讨引向了可观的学术高度。

2. 研究与创作互动

这次研讨会在海南举办，作为东道主的海南作家协会和海南师范大学，派出了豪华的阵容，为研讨会增添了学术研讨会上少有的创作与研究互动的模式。在分组讨论阶段，在专家学者报告研究成果之后，有海南作家发言的环节。由梅国云领衔的海南资深或实力作家、学者和评论家晓剑、张浩文、江非、马良、李音、严敬、赵长发和年轻作家与评论家邓西、杨道、李宁、麦碧、陈吉楚等都做了发言，他们或者就"海洋文学"的概念向学者们质疑或进行厘定，或者介绍自己的创作经验与艺术追求，批评家则立足海南对海洋文学的理论问题给予回应，这样的形式，把海洋文学的探析引向了深入，特别是增强了与会者的海洋意识，更新了海洋文学的观念。梅国运主席和李宁在会上提到，海南作协近几年有意识地结合自贸港的建设，推进海洋文学的创作，走在了沿海省份海洋文化建设的前列。

3. 青年学者担当重任

参加这次学术研讨会的，年轻学者占了一多半。他们都受过严格的学术训练，专业基础扎实，眼光敏锐，善于发现潜藏于文学现象中的学术新机，因而研究能拓展原有的学术边界，预示了海洋文学研究广阔前景。

这次学术研讨会政治站位正确，文化建设方向明确，由于文化使命感的驱动，整个研讨活动从总体上提升了海洋文学的文学史地位和文化地位，让我们从新的视角看待海洋文学；它也提升了海洋文学研究的学术地位，促使我们调整原有的学科建制，增添新的学术热点。这次研讨会，必将推动海洋文学研究的深入开展，并以这样的学术自觉带动海洋文学创作的自觉，当代中国文学将因为海洋问题的凸显而重绘审美创造和学术研讨的地理版图，出现文学研究的新的学术格局。会议期间，由海南省作家协会与海南师范大学共建的"海南省文学创作与研究中心"正式挂牌成立，它标志着海洋文学研究向学科化迈进，也预示着海南将成为海洋文学研究的重镇之一。

2023年的"新时代海洋文学研讨会"是2019年以来规模最大的全国性海洋文学研讨会，开启了下一个五年的海洋文学学术研讨的新阶段。此后，以"新时代"命名的海洋文学研讨会，将在作为海洋大省的海南持续举办。能够表明这一事实的是，2024年4月21日至22日，"第二届新时代海洋文学学术会议"在海口举行，主题为"繁荣发展新时代海洋文学"。这次会议由中国作家协会、中共海南省委宣传部、中国海洋发展基金会指导，中国作家协会创研部、自然资源部宣传教育中心、海洋出版社、海南省海洋厅、海南省作家协会、中共三沙市委宣传部、海南师范大学联合主办，海南师范大学文学院、海南省文学院、天涯杂志社、海南省海洋文学创作与研究中心共同承办。来自吉林大学、中山大学、武汉大学、华东师范大学、首都师范大学、海南大学、杭州师范大学、海南师范大学等高校，以及《文艺研究》《文艺争鸣》《南方文坛》《扬子江文学评论》《当代作家评论》杂志社的研究者共 80 余人参加了为期两天的学术研讨。这次研讨会，堪称新时期以来规模最大的海洋文学学术研讨会，开幕式及专题演讲、主题发言，在海南师范大学进行，参加者达 700 余人，是海洋文学学术研讨与海洋文学教育成功结合的案例。会议的一个重大文化开拓是，海洋文学的学术探讨与海洋事业的发展史及时代课题相融合。在开幕式和大会报告之间，大会面向 700 余人举行了海洋科普讲座，由自然资源部第三海洋研究所原所长、自然资源部首席科学传播专家、教授级高级工程师、博士余兴光和自然资源部海洋发展战略研究所海洋政策与管理研究室主任、研究员付玉分别做了《学习贯彻习近平总书记经略海洋重要论述，加快建设海洋强国》和《中国极地科学考察亲历与感悟》的专题讲座，为海洋文学的研究提供了思想指导和海洋建设的临场感，产生强烈反响。为期两天的研讨会，代表们围绕海洋文学理论建构、中外海洋文学与文明观、海南当代海洋文学等话题展开了讨论，从"深蓝史诗"——海洋文学的理论建构；海洋、文学与人的关系——中西海洋文明互鉴；中国古代文史文献中的海洋；中国现代文学与影视中的海洋书写；海南海洋文学的讨论与展望等几个方面把海洋文学的评论研究引入了新的境地。从这次会议多元学术话题的讨论，能更清楚地看到 2019 年至 2023 年海洋文学发展的全貌，而会上发布的《繁荣发展新海洋文学倡议书》，将推动又一个五年的海洋文学创作与评论的繁荣发展。

结语：海洋文学发展中存在的问题 及未来发展的建议

进入新时代的海洋文学，已经从题材类型向文学领域转变，创作开始受到超出文学界的关注，研究明显在深化，但它的发展还存在一些问题，主要表现为这几个不平衡。

一是创作与研究不平衡。由于评论研究队伍相对更为强大，加之学者更关注国家的文化发展动向，因此，从2019年至2023年海洋文学的研究无论在人员的投入和成果的产出上，都超过了创作。特别是海洋大省的作家协会有意识地利用地方高校的学术力量介入海洋文学批评与理论建设，文学评论与研究的热度日益超过了创作的社会反响。

二是北方与南方的不平衡。新时期的海洋文学作为一个亮点，起自大连作家邓刚的海洋小说，然而北方的海洋文学并未出现持续繁荣的景象，近些年反倒是南方的海洋文学迅速崛起，特别是海南的海洋文学写作与研究成为中国海洋文学发展的最大亮点。海南虽然建省时间短，但它是海洋大省，加之2019年以来海南正值国际自贸港、自贸岛的建设时期，海南文学界的海洋意识增强，海洋文学建设因而呈现蓬勃局面，为北方省份所不及。

三是沿海与内地的不平衡。这主要就海洋文学研究而言。有海洋生活经验才有海洋文学写作，因而海洋文学创作群体聚集于沿海省份可以理解。但是，对海洋文学的关注和研究，不应该只由近海的高校与文学研究机构承担。海洋文学研究的深入，需要以充足的学术力量为支撑，而内地的高校在这方面更有潜力，但目前呈现倒挂的情形，这种状况需得改变。

根据近几年海洋文学在创作与研究上的进展与成绩以及存在的问题，现对海洋文学的发展提出如下建议。

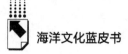

一是加大建设海洋文学的宣传力度。发展海洋经济和文化是国家战略，这是中国模式及经验经由海洋路径增强对世界的影响与贡献的重要举措。海洋文化是软实力已成为带有普遍性的社会意识，然而作为海洋文化重要组成部分的海洋文学，并未引起全社会的关注，因此需要通过宣传手段为海洋文学创作与评论研究吸引读者并形成反向刺激，特别是引起文化管理部门的重视，以加强对海洋文学建设的投入，促进海洋文学的发展。

二是搭建海洋文学发展的平台。为使海洋文学的评论研究成为机构化的实体，需要在有条件的高校和社会科学院成立海洋文学与文化研究基地。滨海的中国海洋大学在这方面先行一步，海南师范大学也已跟上，其他的海洋大学和内地汇集有海洋文学研究力量的高校或社会科学院亦应成立类似的研究室或研究中心，一旦学术团队形成，海洋文学研究的展开与深化很快就会形成新的局面，从而引导和促进海洋文学的创作，这支队伍将是海洋文化建设的生力军。海南作家协会主席梅国云正在国家海洋局的支持下，联系中国作家协会，计划成立国家级海洋文学研究中心，如能实现，将是为海洋文学发展打造的重要平台。海洋文学研究的另一平台是专门刊物，创办《海洋文学评论》期刊已迫在眉睫。

三是加强海洋文学创作与批评的理论建设。目前在世界范围内，海洋文学理论的建设相对滞后，即使是海洋意识觉醒更早的西方，对海洋写作进行理论思考的成果也有限，中国的海洋文化在重视海洋功能的新时代劲爆开来，作为审美文化的海洋文学尤其需要理论的指导和开掘，从而调动理论界的积极性，在创作与批评的基础上加强理论总结，建设符合中国文学传统和能适应新时代审美要求的海洋文学理论，这是海洋文化建设的题中应有之义。各级社科管理机构应当以课题立项的方式推动理论建设活动的开展，文学批评也应在创作与理论建树之间搭起桥梁。

B.4

2023年中国海洋素养教育与建设报告[*]

刘训华　郐洁[**]

摘　要：　中国海洋素养是指国民在日常生活中形成的，体现中国发展特征并适应个人和社会发展需要的，与海洋相关联的知识、价值观、必备品格和关键能力的总和。中国海洋素养体系的构建应符合中国国民和中国海洋事业发展的实际需要，突破欧美海洋素养"七原则"单一自然科学取向的局限性，充分考量海洋的社会属性、人文属性、科学属性和生态属性。中国海洋素养以"人海和谐发展"为价值指向，包括社会参与、人文情怀、科学探索和生态互享四个维度，表现为主权意识、海洋社会、法治思维、文史底蕴、海德锻造、厚植海美、科学精神、探索海洋、勤于实践、人海共生、资源保护、海洋环境12项具体素养，并形成24项表现形态。中国海洋素养的演进体现了三重逻辑：一是国家推进逻辑，二是课程推进逻辑，三是活动推进逻辑。大中小学校及社会机构在推进海洋教育过程中，应以培育中国海洋素养为核心，以"人海和谐发展"为价值指向，形成目标、过程、评价与效益相互作用的完整闭环。

关键词：　海洋素养　海洋文明　海洋教育

---

[*]　教育部哲学社会科学研究重大课题攻关项目"国家海洋战略教育体系研究"（23JZD043）。

[**]　刘训华，历史学博士、教育学博士后，教育部哲学社会科学研究重大课题攻关项目首席专家，宁波市政协常委。全国海洋教育研究联盟常务副理事长，宁波大学督导与评估中心主任、海洋教育研究中心主任、教师教育学院教授。主要从事教育史与海洋教育研究。郐洁，宁波大学硕士研究生，主要研究方向是海洋教育。

第一部分：理论篇

在《国家海洋战略教育：海洋教育实践推进的新视域》中，笔者详细剖析了国家海洋战略教育的深远意义，认为在我国的海洋事业发展上，面临的根本性问题是海洋意识和素养不足的问题，并提出国家海洋战略教育直面的是培育海洋素养，塑造新型海洋观，从根本上建立海洋国家意识。笔者指出，这一教育战略不仅关乎国家海洋权益的维护，更是培养国民海洋意识，提升海洋素养的重要途径。文章强调，学校海洋教育是战略教育的核心，而社会海洋教育的推广则是实现全民海洋教育目标的关键。通过构建"海洋-国家-教科书"的逻辑链条，从儿童启蒙阶段开始，逐步培养国民对海洋的深厚情感和认知，是海洋战略教育的重要任务。此外，文章还提出了家校社一体化的海洋战略教育推进体系，为海洋教育的深入实施提供了可行的路径。在《海洋教育史：概念、体系与战略视野》中，笔者从历史学和教育学的角度，系统梳理了海洋教育史的发展脉络和内涵。海洋教育史是服务教育强国和海洋强国建设的重要领域，具有多学科交叉融合的特点。该研究不仅丰富了海洋教育史的理论体系，也为海洋教育实践提供了历史借鉴和战略指导。

海洋文明是中华文明的重要组成部分，具备一定的海洋素养是我国社会海洋事业发展对国民素质的内在要求。国民海洋素养的形成有赖于海洋教育，海洋素养是当代各类海洋教育实践体系中的关键概念。厘清符合中国国民和海洋事业发展实际需求的海洋素养的内涵及演变逻辑，有助于更好地统构我国海洋教育的知识、价值观、品格和能力体系。海洋教育具有科学性、教育性、战略性、人文性、疗愈性和未知性特征，这 6 大特征构筑了海洋教育丰富的学科空间，而海洋教育能够发挥的作用大小在很大程度上取决于受众的海洋素养。马勇①从知行意等方面提出海洋素养的概念和主张，建议大力推进海洋素养教育，并对实施多年的海洋意识教育进行更新；在北京、青岛、舟山、厦门等地开展的海洋教育实践中，业界也提出了相关概念。本报告从讨论中国海洋素养的基本概念出发，对中国海洋素养体系的构成及其建构路径进行粗浅探讨，以求教于方家。

一　中国海洋素养问题的提出

2012年党的十八大报告首次提出"海洋强国"国家战略，党的十九大报告指出"坚持陆海统筹，加快建设海洋强国"，党的二十大报告则进一步强调"发展海洋经济，保护海洋生态环境，加快建设海洋强国"。在国家宏观战略的引领下，十多年来我国海洋事业得到迅速发展。海洋教育作为国家推进海洋强国战略的重要基础，具有推广海洋知识、提升海洋意识、培育海洋素养、锻造海洋思维、培养海洋人才、保护海洋资源等功能，能够在中国式现代化进程中发挥积极作用。海洋教育目标指向培育海洋国家意识、锻造新型海洋观，核心是学校海洋教育，难点是社会海洋教育，重要着力点则是文化海洋教育②。

海洋意识与海洋素养作为海洋教育推进过程中的一体两面，前者是表层，后者则指向内核。传统的海洋意识教育已难以适应当前我国对海洋事业发展的迫切需求，亟须被提升到海洋素养教育的高度。中国海洋素养是我国推进海洋教育、培育国民海洋国家意识、建设新时代新型海洋观过程中必须厘清的核心概念。

---

① 马勇：《从海洋意识到海洋素养——我国海洋教育目标的更新》，《宁波大学学报》（教育科学版）2021年第2期。

② 刘训华：《国家海洋战略教育：海洋教育实践推进的新视域》，《浙江社会科学》2023年第2期。

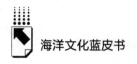

（一）全球海洋教育体系与我国海洋教育基础

海洋教育作为世界性教育专题，欧美日等世界主要发达经济体均对此高度重视，海洋教育实践在世界各地蓬勃开展。联合国曾于2017年、2022年召开联合国海洋大会，均涉及海洋素养议题。联合国教科文组织推出的"海洋十年"计划（2021—2030年）不仅要求创新知识以服务于海洋行动，还提出要建立一个由科学家、青年专业人士、政府、私营企业、基金会和公民社会等主体组成的全球联盟以共享海洋知识、共同采取行动，以便可持续地利用海洋资源。①

世界主要发达国家在开展海洋教育问题上达成了高度共识。美国海洋政策委员会认为，从学前阶段开始的学校课程应使学生接触海洋问题，并通过各种教育机会，为培养下一代海洋科学家、管理者、教育者和领导者做准备。② 欧洲海洋科学教育者协会提出，要建设一个由海洋文化公民组成的社会，海洋文化公民应认识到海洋的至关重要性，并努力确保海洋的可持续发展。③ 海洋素养作为统筹海洋教育使命的核心概念，同样为发达国家海洋教育界所认可。

我国传统的"重陆轻海"观念很难在短期内得到扭转，而国家现代化建设更多依靠经略海洋等方式进行，这是现阶段我国海洋领域的基本国情，也是开展海洋教育的现实基础。进入21世纪以来，国

① 联合国教科文组织：《我们如何为"海洋十年"做准备》，https：// zh. unesco. org/news/wo-men-ru-he-wei-hai-yang-shi-nian-zuo-zhun-bei，2023 年2月17日。

② Cava, F., Schoedinger, S., Strang, C. et al. "Science content and standards for ocean literacy：A report on ocean literacy", https：//www. researchgate. net/ publication/313036579_ Science_ Content_ and_ Standards_ for_ Ocean_ Literacy _ A_ Report_ on_ Ocean_ Literacy, 2023-04-30.

③ EMSEA. "Our vision and mission", https：//www. emsea. eu/our - vision - and - mission, 2023-03-28.

家日益重视海洋教育工作。2014年中宣部出台《关于提升全民海洋意识宣传教育工作方案》，但方案实施效果不尽如人意，距离建设海洋强国战略目标的要求还有不小差距。当前我国海洋教育存在的主要问题包括以海洋科普活动替代海洋教育的整体性实施、中小学海洋教育实施的地方化倾向、海洋知识的碎片式传播、海洋教育研究比较薄弱等。究其本质原因，在于中国海洋素养概念缺失、海洋教育缺乏抓手，核心问题是国家层面对海洋教育的顶层设计不足。大中小学课程中海洋知识教育体系不健全、海洋教育意识薄弱、海洋教育制度与措施缺乏保障、实施效果显识度低等因素，都会影响海洋教育的最终效果以及海洋强国战略的实施成效，这些问题都指向中国海洋素养体系的缺失。

传统海洋教育多以提升海洋意识作为目标，这容易造成海洋教育目标窄化。"海洋意识是人对海洋自然特性、社会属性、价值和作用的认识与反映，约同于海洋知识或人对海洋的基本认知，属于人心理活动的人脑对客观现实的反映层级和领域。"[1] 因此，培养国民的海洋意识只能成为我国海洋教育的初始阶段性目标。我国海洋国土由渤海（内海）和黄海、东海、南海三大边海等众多海域组成，内海和边海的水域面积十分辽阔。2022年，全国海洋生产总值达到94628亿元，占国内生产总值的比重为7.8%[2]。我国海洋资源丰富，东海和南海蕴藏着巨大资源，是国家利益博弈的聚焦点。这充分表明，大力实施海洋教育，将海洋教育的目标从国民的海洋意识培养提升为海洋素养培养，对我国海洋事业发展具有十分重要的现实意义。

---

[1] 马勇：《从海洋意识到海洋素养——我国海洋教育目标的更新》，《宁波大学学报》（教育科学版）2021年第2期。

[2] 自然资源部海洋战略规划与经济司：《2022年中国海洋经济统计公报》，https：//m. mnr. gov. cn/gk/tzgg/202304/P020230414430782331822. pdf，2023年4月18日。

（二）欧美海洋素养的内容及其局限

海洋素养是世界各国推进海洋教育过程中所涉及的普遍性概念。美国国家海洋教育者协会（N-ational Marine Educators Association，简称 NMEA）是目前世界上成立时间最早、影响最大的海洋教育组织，由来自世界各地的课堂教师、非正式教育者、大学教授、科学家等组成。该组织努力促进人们对淡水和海洋生态系统的理解与保护，致力于让人们了解水世界。作为一个全国性组织，NMEA 拥有 40 多年的历史，由各个区域分会提供支持。NMEA 定期与澳大利亚（MESA）及其他地区的类似协会合作，在 NMEA 的启发下，欧洲海洋科学教育者协会（EMSEA）和亚洲海洋教育者协会（AMEA）相继创建。[①]NMEA 于 2003 年成立专门委员会研讨海洋素养，2004 年提出"海洋素养"（Ocean literacy，简称 OL）概念，2005 年公布了海洋素养的定义及其框架内涵——海洋素养是指人们"对海洋对你的影响以及你对海洋的影响的理解"。NEMA 还提出海洋素养"七原则"：地球有一个具有许多特征的大海洋；海洋和海洋生物塑造着地球的特征；海洋是影响天气和气候的主要因素；海洋使地球变得宜居；海洋支持着丰富的生命和生态系统；海洋和人类之间有着千丝万缕的联系；海洋大部分尚未开发。"七原则"从人的个体角度出发理解人与海洋的相互作用，体现了美国海洋教育者探索与努力的成果，在国际社会具有较高认可度。当前国际海洋教育界对海洋素养的学术探讨主要以美国、英国和加拿大等国家的学者和机构为代表，美国国家海洋和大气管理局（NOAA）是最为积极地进行海洋素养探讨的政府机构之一。[②]

需要指出的是，"七原则"主要还是从海洋的自然属性出发，立

---

① "About NMEA"，https：//www. marine-ed. org/about-n-mea，2023-03-09.

② Costa，S.，Caldeira，R.，"Bibliometric analysis of ocean literacy：An underrated term in the scientific literature"，*Marine Policy*，2018，87：149-157.

足人的个体视野，强调人与海洋的相互关系。"七原则"虽然具有重要的科学意义，但是它的局限性也是显而易见的。美国作为主要的规则制定国，在领土和海洋主权等方面与其他国家有着截然不同的境遇，其在海洋领域的霸权地位也决定了它可以超越其他国家的现实阻碍，较为超脱地强调海洋单纯的自然科学属性。美国的国家历史较短，在海洋人文和历史方面可供借鉴的内容有限，这也是"七原则"的指向总体单一的客观原因。相较于其他国家的客观需求，"七原则"忽略了海洋的主权属性、社会属性、人文属性等，仅仅将海洋作为一个自然物的存在。NMEA 在 2005 年通过学术研讨形成并以集体名义发布的报告更多地将海洋简单地与个体感知和个体生活联系在一起，并进一步发散到以个体为出发点的海洋行为和科学探究。我们需清醒地看到，这些认知和实践适用于发达国家的海洋教育，因为国情和社会环境的差异，发达国家与发展中国家对于海洋素养的认知存在显著不同。我们需要依据自身国情和受众认知特点，构建具有国际视野、中国立场的海洋素养体系。

（三）中国海洋素养的基本概念

《现代汉语词典（第 7 版）》中"素养"的释义非常简洁，意谓"平日的修养"。而当 Key Competences（意译为"关键能力"）概念传播到中国时，其被内化为核心素养。经济合作与发展组织（OECD）与欧盟委员会（European Commission）是在核心素养研究方面较有影响力的国际组织。2016 年 9 月 13 日，我国教育界经教育部相关部门同意公布了中国学生发展核心素养总体框架及基本内涵[1]，中国的基础教育从"课标时代"逐渐进入"素养时代"，这也使得素养逐渐成为指

---

① 核心素养研究课题组：《中国学生发展核心素养》，《中国教育学刊》2016 年第 10 期。

向人才培养的核心概念。教育界对核心素养有不同解读。钟启泉将核心素养描述为"同职业上的实力与人生的成功直接相关的涵盖了社会技能与动机、人格特征在内的统整的能力"①。林崇德则认为核心素养是指"学生在接受相应学段的教育过程中,逐步形成的适应个人终身发展和社会发展需要的必备品格和关键能力"②。相较于基础教育阶段"关键能力"的紧迫性而言,海洋素养具有基础性、常识性等特征。在国际海洋教育界,"Ocean literacy"被译为海洋素养,"Literacy"有文化和读写之意,相较于"Competences",更凸显出基础性特征,这也是探讨海洋素养的一大前提。

笔者认为,所谓中国海洋素养(China's Marine Literacy),是指国民在日常生活中形成的,体现中国发展特征并适应个人和社会发展需要的,与海洋相关联的知识、价值观、必备品格和关键能力的总和。学校是推进海洋素养教育的基础力量,学生是接受海洋素养教育的主体,因此中国海洋素养在特定层面上也指中国学生海洋素养。具体而言,中国发展特征是指现阶段中国人民努力推进的人口规模巨大、全体人民共同富裕、物质文明和精神文明相协调、人与自然和谐共生、走和平发展道路的中国式现代化的总体特征③,这是探讨中国海洋素养的现实基础。在英文翻译中,中国海洋素养的"海洋"对应的是 Marine 而不是 Ocean,体现了中国海洋素养除涵盖自然属性,还将人文、社会等属性特征包含在内,指向了海洋所具备的丰富的社会性和人文性。

---

① 钟启泉:《基于核心素养的课程发展:挑战与课题》,《全球教育展望》2016年第1期。

② 林崇德:《中国学生核心素养研究》,《心理与行为研究》2017年第2期。

③ 习近平:《高举中国特色社会主义伟大旗帜 为全面建设社会主义现代化国家而团结奋斗——在中国共产党第二十次全国代表大会上的报告》,人民出版社,2022,第22~23页。

二　中国海洋素养的基本体系

当前我国中小学校开展海洋教育的代表性区域主要有山东青岛、浙江舟山、福建厦门等城市以及海南、广西、新疆、台湾等省区。各地海洋教育实践因地制宜地开展，呈现海洋教育从大众性活动逐渐向专业教育活动发展的可喜趋势。本报告立足于我国开展海洋教育的实际状况，综合国内外已有的海洋素养相关研究成果，提出中国海洋素养的基本体系。

（一）中国海洋素养的时代特征

中国海洋素养体系的构建必须立足于我国民众特别是学生群体的海洋认知基本状况，结合国情和社会需要，面向未来、综合考量。中国海洋素养是大中小学生关心海洋、认识海洋、经略海洋的基本素养，培养学生的海洋素养是在为其储备成为未来合格社会公民所需要的品质和能力。中国海洋素养是动态的、与国情相联系的、与时俱进的体系。

之所以强调中国海洋素养，是因为当前流行的由欧美国家主导的海洋素养体系具有较大的局限性，没有充分反映海洋的多重属性，不能适应中国国情和海洋事业发展的需要。中国海洋素养强调民众所需掌握的基础认识、基本理念、基本态度和具体行为，研究和培育中国海洋素养是教育领域落实国家海洋强国战略的重要举措，也是适应当今世界海洋教育领域迅速发展的形势，提升我国海洋事务国际竞争力的现实需求。

中国海洋素养以"人海和谐发展"为价值指向，分为社会参与、人文情怀、科学行动和生态互享四个维度，综合体现为主权意识、海洋社会、法治思维、文史底蕴、海德锻造、厚植海美、科学精神、探索海洋、勤于实践、人海共生、资源保护、海洋环境 12 项素养，每

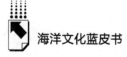

项素养又体现为两种具体形态，详细内容见表1。在中国海洋素养整体框架中，社会参与、人文情怀、科学行动和生态互享四大体系之间相互依存、相互作用。

表1 中国海洋素养体系框架

海洋素养		基本要点	主要表现
社会参与	主权意识	国土认知	具有海洋国土知识和意识,了解海洋国土历史和现实,了解中国主要海岛和物产,具有海洋历史自信和海洋文化自信,尊重海洋文明成果
		海防安全	具有海洋主权意识和海防安全观念,了解海防建设和海军发展对于巩固国防的重要性,有经略海洋的主体意识,能自觉捍卫国家海权和民族利益
	海洋社会	海洋经济	关注海洋经济总体态势,了解国内外海洋经济活动趋势,了解渔业、航海、港口等相关经济活动,理解海洋在经济领域为人类做出的重要贡献
		海洋生活	关心海洋、认识海洋,理解海洋是人类生活必不可少的组成部分,了解有关海洋民俗,积极参与各项日常海洋活动,在生活中体验海洋,感知海洋
	法治思维	海洋法治	具有海洋法律意识,了解相关的国际国内海洋法规,具有宣传海洋、推广海洋的积极动机,能够运用法律手段维护海洋权益与法人权益
		国际参与	具有全球海洋视野,了解人类海洋文明进程中的海洋多元文化,积极参与跨文化海洋交流,关注人类面临的全球性海洋危机,理解海洋命运共同体
人文情怀	文史底蕴	海洋历史	具有古今中外海洋历史的知识积累,了解相关海洋遗存,了解古今中外海洋人物,理解海洋发展史及其历史进程,培养亲近海洋的历史情感
		海洋文学	具有浓厚的海洋文学兴趣,阅读、分享和创作海洋作品,关注海洋文学中的人类智慧,关注不同海洋文学样式及海洋影视提供的精神给养
	海德锻造	海洋精神	具有坚定有力、百折不挠的海洋精神,将海洋命运共同体厚植于心,培养面向大海、积极奋斗的海洋情怀
		海洋品质	具有大海般宽广博大的胸怀与坚忍不拔的意志,坚持不懈,有很强的自制力,能够管理好自己的情绪,具有较强的抗挫折能力,努力形成良好的海洋气质

海洋素养	基本要点		主要表现
人文情怀	厚植海美	人文情怀	具有海洋人本思想,在大自然中感受海洋、拥抱海洋,积极强身健体,尊重个体的海洋权益,尊重差异性,有良好的人际关系和团队合作能力
		海洋审美	具有海洋技能与方法的积累,尊重和理解海洋文化艺术的差异性,体验海洋的自然美、艺术美与生活美,在日常生活中拓展和升华海洋美
科学探索	科学精神	科学价值	具有充分的科学价值判断,有强烈的问题意识和海洋探究兴趣,独立思考,具有追求真理、善于探究、勇于奉献和不怕牺牲的海洋探索理念
		科学思维	在海洋实践中培养科学思维,理解和掌握与海洋相关的基本科学原理和方法,思维缜密,能够运用科学的思维方式解决问题、指导行为
	探索海洋	海洋学习	积极开展海洋学习活动,能够通过运用科学技术,努力将构想变为现实,在 STEAM 等活动中,丰富人类海洋科学财富,为人类社会造福
		开展研究	积极关注海洋地理、海洋水质、海洋环流、海洋构造、海洋气候等海洋领域,具有强烈的好奇心和想象力,能不惧艰难勇于寻求解决问题的有效办法
	勤于实践	动手能力	具有积极劳动态度和良好劳动技能,主动参加涉及海洋的经济、环保、体验等活动,在劳动中增长才干,提高动手能力,制作各种涉海产品
		造福人类	有效追求海洋科学前沿,具有数字时代的生存能力,在海洋食品、海洋药物、海洋能源等现实科学领域,形成强烈的人类命运共同体意识,不断创新
生态互享	人海共生	人海关系	具有亲近海洋、认识海洋、热爱海洋的情感,有着强烈的人海协同发展理念,了解海洋生物多样性,创造人与海洋和谐相处的环境
		人海互动	对人类对海洋的影响和海洋对人类的影响具有深刻理解,有条件地进行海洋体验活动,保护海岸带等海洋资源不受侵蚀

续表

海洋素养		基本要点	主要表现
生态互享	资源保护	认识资源	具有认识海洋动植物、海域、海岸景观等知识,预防海上灾难,具有积极行动理念,形成海洋绿色发展和可持续发展理念
		科学保护	具有爱护海洋资源的自觉意识,了解人类与海洋不可分割,科学保护,合理利用,积极参加海洋环保活动,热心海洋公益事业
	海洋环境	环境行动	具有强烈的海洋环境保护意识,认可积极有效的行动是海洋环境保护的有力举措,去除海洋塑料等垃圾,了解海洋生态旅游,确保海洋蔚蓝家园
		问题解决	善于在海洋实践中发现问题,有积极解决问题的兴趣和热情,能依据具体情境选择合适的解决方案,具备在复杂情势下解决问题的能力

（二）中国海洋素养的基本内涵

海洋素养体系的构建有自然科学、教育科学、综合科学等取向。欧美国家主要采纳自然科学取向,而中国海洋素养体系的构建采取的是通过教育科学视野来实现海洋教育效果的综合科学取向。

中国海洋素养体系的构建以国际竞争力理论、可持续发展理论、终身学习理论、"生活·实践"教育理念等作为理论来源,其具体实践过程主要基于中国国情特点而展开。中国海洋素养是连接人、海洋、自然与社会的重要概念。人海和谐发展体现了创新、协调、绿色、开放、共享的新发展理念,是立德树人根本任务在海洋教育领域的具体表现,具有总体性的核心指向,见图1。

1. 社会参与

社会参与对应海洋的社会属性,社会属性是现代海洋的基本属性,它既体现在各类海洋社会活动中,也包含与之相关的政治素养。社会参与意在强调海洋与社会的关系,它关注国家、社会、国际关系

图1　中国海洋素养关系

等方面与海洋相关的内容，旨在推动海洋社会发展，促进公民在海洋领域的社会认知。社会参与表现在社会意识方面，主要指的是从国家和民族利益出发，面对历史和现实的海洋情势，作为公民应该具备的海洋政治素养，同时包含民众对海洋社会活动的有效认知。

（1）主权意识包括国土认知、海防安全两大表现形态，突出海洋的国家性与主权特点，强调国家安全和领土完整以及海防建设和海军发展的重要性。主权意识既是民众基本海洋社会知识的组成部分，也是海洋社会属性的基础性内容。

（2）海洋社会包括海洋经济、海洋生活等方面内容，突出经济功能是海洋的重要社会功用，而日常生活是人们体验海洋的基本途径，两者构成了海洋社会属性的最常态表现。应当使受教育者养成完备的海洋活动意识，积极开展海洋经济活动，形成健康的海洋社会生活，实现人海之间的和谐互动。

（3）法治思维包括海洋法治、国际参与等方面内容，强调法治意识是开展海洋行动、处理海洋事务应当具备的基本意识。海洋联通着世界，国家间涉及海洋的事务交流活动的开展，需要各方主体具有国际视野和海洋命运共同体意识。

2. 人文情怀

人文情怀对应的是海洋的人文属性，人文属性是海洋的本质属性。人文情怀既强调人文性是人存在的基础性内涵，也强调人对海洋历史文化的认知和对海洋审美的内在追求。海洋包含丰富的历史底蕴，是陶冶人的重要场域，人的海洋情感与海洋审美是人文性的重要内容，养成海洋品质和海洋智慧是人文精神的集中体现。人文属性表现为人文底蕴、品质塑造、审美认知等诸多因素，它重视从人本出发对于海洋的接近、理解和思考，是对人的海洋属性的准确再现。

（1）文史底蕴包括海洋历史、海洋文学，是人文素养的最基本内容。深入了解海洋发展史，有助于加强海洋知识学习和海洋认知体验效果；关注海洋文学，能够从情感深处形成共鸣。学习海洋历史和文学，是加强海洋素养的最有力学习途径。

（2）海德锻造包括海洋精神、海洋品质，是海洋教育的重要价值依归，旨在培养受教育者的精神追求。海洋精神突出海洋本体所具有的特质和内涵，海洋品质则是强调通过后天培养和学习，在受教育者身上体现海洋的博大精深。

（3）厚植海美包括人文情怀、海洋审美，是海洋审美价值的重要体现。通过观察海洋、体验海洋而形成对海洋的情怀与情感，是塑造受教育者的海洋人文底蕴，培养其审美情操的重要方式。进入海洋是最好的学习方式，海洋审美是重要的自然体验。

3.科学探索

科学探索对应海洋的科学属性，科学属性是海洋的自然属性。科学探索既主张民众通过学习、理解、海洋考察，形成科学思想、精神、思维和实践品质，也强调受教育者应当以实践为王，养成较强的动手能力，形成勇于探究海洋奥秘、造福人类的理想情怀。科学探索要求海洋教育者培养学生的批判性思维能力、求真务实的科学品质和不怕牺牲、勇于探究的科学精神，这是海洋素养有别于其他素养的重要特征。

（1）科学精神包括科学价值、科学思维，是海洋教育的思维品相。树立适应时代特点的科学价值观，是科学研究取得突破的重要条件。同时，科学思维是海洋研究的基本要求，具有重要的导向作用。

（2）探索海洋包括海洋学习、开展研究，受教育者要具备诚心向海洋学习的意识，基于海洋开展研究，形成自己的科研意识和思维。探索海洋从学习和研究海洋开始，此外还需要养成积极参与STEAM等相关涉海类实践活动的良好习惯。

（3）勤于实践包括动手能力、造福人类。劳动是人类生存和发展的基础，劳动性是海洋活动的重要属性，培养积极的动手意识是开展海洋活动的基础性要求。应当面向未来进行科学探究，不断创造出新的海洋产品，造福人类。

4. 生态互享

生态互享对应海洋的生态属性，生态属性也是海洋的自然属性，体现了海洋与人、社会三者之间的相互依存。海洋保护和可持续发展是生态互享的题中要义，实现海洋生态互享，有助于解决当前人类社会普遍面临的海洋环境污染等诸多问题。

（1）人海共生指向人海关系、人海互动。人海关系是海洋素养的核心指向，海洋素养教育需要以人海共生作为出发点和落脚点。人海关系是海洋关系的重要基础，和谐性是其本质要求，应当在人海和谐的前提下，促进人海有效互动和共同发展。

（2）资源保护包括认识资源、科学保护。充分认识海洋资源是开展有效保护的前提，当前大部分海洋资源尚未被人类认知，推动民众开展对海洋生物的科学认知活动，是探索海洋、造福人类的重要内容。需要进一步强化民众保护海洋资源的自觉意识，积极行动，进行科学的海洋资源保护活动。

（3）海洋环境指向环境行动、问题解决。环境行动是当前世界各国面临的普遍性问题，解决环境问题关键在于开展有效行动。在具体的海洋环境保护中，应当突出问题解决意识，树立积极行动观念，坚持问题解决导向。

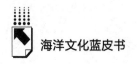
（三）中国海洋素养体系各维度的内在关系

在中国海洋素养的四大维度中，社会参与是基础素养，体现了国家主权与社会意识；人文情怀是根本属性，体现了海洋对人的影响与熏陶；科学探索是关键素养也是薄弱环节，需要特别重视；生态互享是核心保障，是保护人海关系的重要形态。

中国海洋素养的提出，既是基于其他国家和地区海洋素养的已有研究成果，也是中国学生发展核心素养的要求。长期以来，欧美海洋素养主要关注海洋的自然属性，忽略了社会、科学等其他属性在塑造人海关系方面的地位和价值。中国海洋素养和欧美海洋素养的差异性也体现了国情差异和民众对海洋认知的差异。

三　中国海洋素养的推进逻辑

世界因海洋联系成整体，海洋是人类的共同资源，具有超越国家、文化、语言的力量，海洋素养也超越了一般知识界限，成为跨学科的存在。中国海洋素养的演进体现了三重逻辑：一是国家推进逻辑；二是课程推进逻辑；三是活动推进逻辑。

（一）国家推进逻辑：将海洋素养作为海洋强国战略教育资源

海洋教育具有科学性、教育性和战略性三大基本特征。其中教育性是第一属性，科学性是基础属性，战略性则是延展属性。可以从战略性方面衍生出国家海洋战略教育[1]，作为推进海洋教育的总体性概

---

[1]　刘训华：《国家海洋战略教育的推进向度》，《深圳大学学报》（人文社会科学版）2021 年第 5 期。

念。2016年，国家海洋局、教育部、文化部、国家新闻出版广电总局和国家文物局联合印发了《提升海洋强国软实力——全民海洋意识宣传教育和文化建设"十三五"规划》；2016年起国家海洋局宣传教育中心委托北京大学海洋研究院发布《国民海洋意识发展指数（MAI）研究报告》；2017年教育部在《社会》《历史》等科目的统编教材中将海洋主权意识等作为新增内容。这些从国家层面推进海洋教育的各项努力极大地推动了中国海洋素养的研究及培养。

从国家层面来说，需要进一步加强对海洋教育实践的研究，促进其由大众性实践发展为专业领域的实践。比如美国国家海洋教育者协会主办了期刊 Current：The Journal of Marine Education，该期刊围绕海洋教育研究、海洋素养、课堂和自由选择学习活动、海洋科学、海洋艺术、海洋历史和文学方面的最新进展组织了诸多讨论。加强海洋教育研究，是从纵深层面推进海洋素养教育的重要内容。

（二）课程推进逻辑：将海洋素养作为面向大中小学生学校海洋教育的有机组成部分

从1988年浙江省舟山市虾峙中心小学开设"未来渔民学校"算起①，我国大陆地区开展中小学校海洋教育已30多年，当前开展海洋教育活动的中小学校超过2000所。山东青岛、浙江舟山、福建厦门、辽宁大连、新疆库尔勒等是积极开展中小学校海洋教育的代表性区域。我国台湾将海洋教育作为四大区域特色教育之一，海南省自2005年开始将海洋教育纳入中考范畴。海洋教育已在国内渐成蓬勃之势。

课程是实施海洋素养教育的重要平台，推进海洋素养教育需要在课程模式上下功夫。当前海洋素养教育主要通过三种方式融入中小学

---

① 唐汉成：《中小学海洋教育理论与实践》，海洋出版社，2019，第22页。

课程：一是直接融入学科课程；二是形成独立的校本课程；三是形成各种校外体验课程。各地在实践中逐步形成了丰富多彩的课程模式，如青岛的"海洋+课程"基础教育海洋特色课程汇；舟山的"现代海洋教育"校本课程等。海洋教育从学校教育、社会教育向终身教育延展，国内众多涉海场馆和体验场所成为学校开展海洋素养教育的重要资源。现代课程体系至少包括四个方面，即具体化的教学目标、内容标准、教学建议和质量标准。[①] 在当前中小学特色海洋教育课程体系建设中，可充分依托中国海洋素养的丰富内涵，尽快形成基本性的知识框架体系、分阶段的课程标准，确定质量评价的科学依据，并落实到综合实践活动课程等载体中。通过中国海洋素养体系的构建，推动海洋教育课程指导标准的研制，对于整合目前零散多元的海洋教育课程体系具有积极的指导意义。

（三）活动推进逻辑：将海洋素养作为面向全体国民社会海洋教育的重要着力点

社会海洋教育既是海洋教育的难点，也是培育国民海洋国家意识和新型海洋观的关键点，需要着力加以推进。当前我国社会海洋教育资源已经较为丰富，越来越多的人走进了海洋博物馆、海洋体验场所等。国家海洋博物馆、中国航海博物馆、中国港口博物馆等已成为涉海博物馆的代表性场馆。社会海洋教育应当进一步吸收海洋科学家、教育学者、博物馆工作者等各类人才的积极参与，共同探索新的教育内容和教育形式，形成相关专业性共识。2021 年宁波大学海洋教育研究中心推出了《中国海洋教育机构索引》（CMEII，2020 版），该索引从品牌力、主题力、管理力与影响力维度构建了三级指标体系，从政

---

① 林崇德：《21 世纪学生发展核心素养研究》，北京师范大学出版社，2016，第264~265 页。

府类、学校性、社会类、研究类四个层面梳理了我国海洋教育机构体系，为各层级开展海洋教育提供了参考。社会海洋教育是推进海洋教育的难点，当今世界国与国之间海洋实力的竞争已从最初对海洋资源的竞争变成对海洋人才的竞争。海洋教育是海洋人才的摇篮，为了把少数人的海洋教育意识觉醒进一步发展为面向大众的社会海洋教育①，我们要着力研究社会海洋教育的方式、载体等，在海洋教育的目标、过程、评价与效益方面进行探索，多维度落实海洋素养培育要求。

海洋教育是推进海洋强国战略的基础。在各级各类组织具体推进海洋教育的过程中，需要基于中国海洋素养的概念、目标、体系和特征，从我国具体国情和区域特点出发，在实践目标、实施过程、效果评价与社会效益等方面加以提炼和完善，实现海洋教育实践活动的完整闭环，更好地服务于民众海洋素养培育和国家海洋事业发展需要。

第二部分：实践篇

一 《中国海洋教育机构索引》（CMEII）2024版在宁波发布

2023 年 11 月 17 日，宁波大学海洋教育研究中心、华中师范大学国家教育治理研究院、中国海洋大学高等教育研究与评估中心、全国海洋教育研究联盟等机构联合发布了《中国海洋教育机构索引》（CMEII，2024），2024 版的发布是 CMEII 继 2020 版之后的第二次发布，开展科学严谨的海洋教育评价是深入推进海洋教育实践，促进海洋教育开展必不可少的环节。

---

① 肖圆、郭新丽、宁波：《海洋教育：教育思想与实践的嬗变》，《海洋开发与管理》2022 年第 3 期。

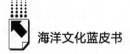

全国海洋教育研究联盟常务副理事长、宁波大学海洋教育研究中心主任刘训华教授代表相关机构进行《中国海洋教育机构索引》（CMEII，2024）的成果发布。刘教授指出，21世纪是海洋的世纪，海洋对一个国家的政治、经济、文化等各个方面都发挥着越来越重要的作用，海洋素养教育在机构评价中发挥核心概念的作用，海洋教育实践逐步形成了大、中、小、幼、社五支实践队伍。

2024版CMEII主要从评价背景、评价原则、评价体系、评价结果等相关方面进行了发布。在评价背景方面，指出海洋教育机构评价对于引导海洋教育实践朝着科学化、精细化方向发展具有积极导向作用。在评价原则方面，提出方向性、客观性、科学性、整体性、发展性五大原则。在评价体系方面，刘训华教授向各位专家学者介绍了中国海洋教育评价指标体系三级指标，归纳此次海洋教育机构主要分为四大类，分别是学校类、社会类、政府类、研究类。在评价结果方面，研讨会上发布了2024版海洋教育各类型核心机构和入选机构。共有150家海洋教育相关机构列入榜单。

学校海洋教育入选机构，其中海军青岛示范幼儿园等幼儿园核心机构4所；入选机构10所；舟山市沈家门小学等小学核心机构10所，入选机构15所；山东省青岛第三十九中学等中学核心机构6所，入选机构14所；哈尔滨工程大学等高校核心机构10所，入选机构21所。在社会海洋教育机构中，中国航海博物馆等涉海博物馆核心机构6所，入选机构10所；北京海洋馆等海洋体验场地核心机构14所，入选机构24所；舟山市普陀区教育局等政府类海洋教育机构核心机构2所，入选机构4所。

二 多所"海洋教育实验学校"授牌仪式顺利举行

2024年，宁波大学海洋教育研究中心已与浙江、上海、大连的多所学校合作，并联合全国海洋教育研究联盟，授予宁波大学附属春晓实验学校、宁波市镇海蛟川书院、宁波市江北区庄桥中心小学、上海海洋大学附属大团高级中学、湖州市吴兴区城南实验学校、象山县石浦镇第一幼教集团、大连市甘井子区北海小学和锦华小学等"海洋教育实验学校"的牌匾。

宁波大学海洋教育研究中心主任刘训华教授认为建立"海洋教育实验学校"要考虑时代、区域和学校三大因素，应着力在以下几个方面形成新探索、新突破。一是进一步落实习近平总书记关于教育强国、海洋强国的指示精神，借助学校已有的成功办学实践，加大海洋教育推进力度，引导学生深入认识海洋、研究海洋。二是开展学校拔尖创新后备人才培养过程中立德树人的内容、方式、载体、路径等研究，立足课程教学，实施"课程+海洋"，不断拓展海洋教育新视域。三是以授牌仪式为契机，着力构建中小学海洋教育育人机制的大循环，全面落实立德树人根本任务，深入培养学生的家国情怀和中华民族共同体意识。而作为目前"海洋教育实验学校"中的唯一的幼儿园，象山县石浦镇第一幼教集团的加入，迈出了构建幼儿园海洋教育体系的第一步。未来，应基于海洋文化教育视角，在课程建设、课题研究等多方面开展深入合作，进一步拓宽海洋教育视野、丰富海洋教育内容、创新海洋教育方法，从启蒙处构建中华海洋文明新内涵。

目前海洋教育逐步形成了大、中、小、幼、社五支实践队伍，极大地从实践角度丰富了海洋素养的深刻内涵。"海洋教育实验学校"的建立为从大中小幼社"五位一体"构建中国海洋素养教育体系提供了材料，为着力构建中小学海洋教育育人机制的大循环贡献了力量。在未来，应立足于扎实理论，优化学校海洋教育实践，进一步丰富海洋科技创新人才培养体系。在教育阶段为学生播下海洋素养的种子，通过海洋教育助力学校人才培养，助力教师教学科研水平提升，讲好学校海洋特色育人故事。

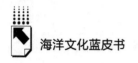

三 海洋素养教育学术研讨会圆满召开

10月20日，新时代中国海洋教育高质量发展——2023年第四届中国海洋教育学术研讨会在上海海洋大学举行。全国各地大中小学、幼儿园、研究院所、教育主管部门、文博机构等50余家单位的专家齐聚上海，共同推进海洋教育理论与实践，研讨内容涉及海洋高等教育理论、海洋科普教育赋能青少年海洋素养教育、国家海洋战略教育、汪品先院士的海洋教育思想、大中小海洋教育探索和实践、少儿海洋教育和社会海洋教育发展等方面的理论、思考与实践等。

2023年11月17日，2023首届海洋科技战略与创新人才培养研讨会在浙江宁波大学举办。此次研讨会形成了多部门、多学科交叉融合的新局面，共同探讨海洋科技战略发展和创新人才培养的最新研究成果，推进海洋教育理论与实践，助力创新型科技人才培养。研讨会集结大学、政府机构、研究机构等各路专家学者，对海洋科技战略与创新人才培养进行深入探讨，围绕科技战略、人才培养、教育教材、海洋教育、海洋文化等主题展开。为海洋科技战略人才培养战略的领域交流提供了互通有无相互促进的平台，理论联系实际解决海洋科技和人才研究的重点、难点问题，形成良好的学术影响。同时，此次研讨会也为广大研究生提供了创新、交流、展示的广阔平台，推动海洋科技、海洋文化、海洋意识、海洋教育与创新人才的培养，让更多的人关心海洋、认识海洋，推动海洋强国建设高质量发展。

中国海洋发展研究中心于2024年3月28~29日在青岛组织召开了主题为"以新质生产力推动海洋高质量发展"的第二十四期中国海洋发展研究论坛。会议邀请了十余位来自智库单位、高校、研究机构及企业界的知名专家学者，围绕新质生产力与海洋强国建设相关问题聚智咨政。论坛聚焦理论政策、重点领域、产业应用三个方向，分三个阶段进行。

2024年7月13~14日，面向新质生产力的海洋教育高质量发展——2024年第五届中国海洋教育论坛在大连海洋大学召开。在开幕式后的主旨报告和两个分论坛，来自中国海洋大学、宁波大学、福州大学、大连海事大学、大连海洋大学、宁波海洋研究院、舟山市普陀区教育局、青岛银海教育集团等数十名专家学者分别做了精彩报告。研讨内容涉及海洋高等教育、中小幼海洋教育的探索和实践。海洋是高质量发展的战略要地，发展新质生产力是推动海洋经济高质量发展的内在要求和重要着力点。未来的海洋教育应着力发展海洋新质生产力，以培养高质量海洋人才为目标，为海洋强国建设贡献力量！

四　重大课题实现学术新进展

2024年6月15日，海洋教育与创新人才培养学术研讨会暨教育部哲学社会科学研究重大课题攻关项目《国家海洋战略教育体系研究》开题报告会在宁波举办。研讨会主题为海洋战略教育体系构建与创新人才培养，由宁波大学主办，宁波大学教师教育学院、宁波大学督评中心、民盟宁波市委会滨海研究院承办。宁波大学刘训华教授作为2023年度教育部哲学社会科学研究重大课题攻关项目《国家海洋战略教育体系研究》（23JZD043）首席专家，从基本信息、课题框架、研究计划、研究展望四个方面进行详细开题汇报。他表明本课题研究具有重要战略意义，紧密回应国家对于海洋战略和海洋教育的关切、紧密服务我国海洋软实力和海洋话语权建设。之后刘训华教授明确了"国家海洋战略教育体系研究"的内涵，并指出课题拟解决关键性问题是国家海洋战略教育体系的理论阐释和实践推进问题。最后他深刻阐释了选题的学术价值和实践价值，并在此基础上提出课题的预期目标是更新"中国海洋教育"的学科体系；增新"中国海洋教育"的学术体系；丰富"中国海洋教育"的话语体系。

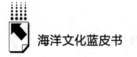

该课题从中华海洋文明视域出发，基于海洋命运共同体思想，对学校海洋教育、社会海洋教育、海洋安全教育三大领域及专业海洋教育、科技海洋教育、产业海洋教育、海洋文化教育、海洋素养教育五大专项进行系统研究，构建国家海洋战略教育体系，深入研究其推进策略，服务中国海洋教育的学科体系、学术体系和话语体系建设，服务中国海洋软实力建设，助力国家海洋事业发展。

近年来，刘训华教授团队在国内首创"国家海洋战略教育"理论体系，首次提出"海洋教育学"学科视域，提出了"中国海洋素养""中国海洋教育机构索引（CMEII）"等海洋教育领域的重要概念，在推动我国海洋教育研究专业化方面发挥重要作用，宁波大学是国内海洋教育研究领域的主阵地之一，为我国海洋教育研究事业发展做出了重要的理论探索。目前刘训华教授团队已获批国家社科基金项目等各类项目30余项，发表论文50余篇，研究成果被《新华文摘》摘录，研究报告获全国人大常委会副委员长、自然资源部副部长、国家海洋局局长的肯定性批示。在实践层面，刘训华教授团队研制中国海洋教育三大标准：海洋教育素养体系、海洋教育机构评价体系、中小学海洋教育课程指导标准。接受自然资源部宣教中心委托，研究青少年海洋意识教育指导纲要，积极指导舟山、宁波、广州等地海洋教育实践，海洋教育实践成果获省、市、校级教学成果奖多项。

该课题研究团队集聚了教育部、自然资源部、宁波大学、中国海洋大学、上海海洋大学、北京师范大学、华中师范大学、陕西师范大学、福建师范大学、哈尔滨工程大学、上海海事大学、安庆师范大学、宁波工程学院、宁波财经学院等高校的专家学者，以及来自南京市教科所、青岛市市南区教研中心、舟山市普陀区教育局、宁波蛟川书院等地方教育部门、中小学机构等实践一线的研究者，研究人员遍及全国东中西各领域，是跨学科、跨部门、跨领域有组织科研方式的积极探索，必将为该领域研究贡献新的智慧和力量。

  中国海洋素养教育研究任重且道远。在后续的研究及实践中，应以《国家海洋战略教育体系研究》重大课题项目为契机，深化海洋教育改革，完善海洋教育课程体系，加强师资队伍建设，提高海洋教育质量。要在明确"中国模式"的基础上思考我国海洋教育各种类型，推动大、中、小、幼、社的海洋素养教育，为推动我国海洋教育事业发展贡献智慧和力量。

专题篇

B.5
福州市"海上福州"建设30年报告

苏文菁　詹志华*

摘　要： 1994年建设"海上福州"的提出，使得福州成为我国最早宣言"向海进军"的城市。30年来，福州始终坚持"一张蓝图绘到底","海上福州"始终是指导福州发展海洋产业和海洋事业、加快建设现代化国际城市的重要战略思想。本报告对福州市开展"海上福州"建设30年间的相关文件和海洋经济、生态、科技、文化等领域的建设情况进行了回顾，建议未来"海上福州"建设应充分利用海洋文化的赋能作用，加快发展海洋旅游业，持续推动"科技兴海"，培育海洋新兴产业，围绕"海上福州"国际品牌，整合形成文化品牌体系。

* 苏文菁，博士，福州大学教授，闽商文化研究院院长，福州大学福建省海洋文化研究中心主任、首席专家，研究方向为海洋文化理论、区域文化与经济、文化创意产业；詹志华，博士，教授，福州大学马克思主义学院院长、福建省习近平新时代中国特色社会主义思想研究中心福州大学研究基地秘书长，主要研究方向为习近平新时代中国特色社会主义思想研究、马克思主义基本原理。

关键词： "海上福州" 海洋经济 海洋生态 海洋科技 海洋文化

一 "海上福州"的提出背景

福州地处闽江的入海口，海洋一直是福州人民重要的生产与生活空间。作为中国传统海洋实践的代表性地区，福州在中华民族两次"向海"的历程中持续扮演着重要角色。[①] 福州在三国时期是东吴重要的造船基地——温麻船屯的所在地。在中国第一次"向海"发展的唐宋元时期，福州是重要的南北转运港口与对外贸易口岸。即使是在海洋政策保守、中华民族曲折"向海"的明清时代，福州仍然承担着国家最为重要的海事活动——郑和下西洋始发港和琉球朝贡贸易口岸的任务。时至近代，福州由于闽江上游的茶叶贸易，在19世纪下半叶一度成为举世闻名的"世界茶港"；凭借本地深厚航海实践与造船技术积淀，福州被选定成为总理船政的建设地，为洋务运动及中国海军、海防的近代化掀开帷幕。在两千多年的时间里，福州一直是中国通过海路与世界各地进行贸易、移民、文化交往的重要口岸。

以福州为代表的中国东南沿海地区，其长期的海洋实践积累是当代发展海洋事业的重要基础。1979年8月，邓小平指出，"中国要富强，必须面向世界，必须走向海洋"[②]。改革开放、风起东南。以闽粤为代表的东南沿海地区成为新时代的改革开放试验区，福州也于1984年列入沿海开放城市。1991年5月，时任福州市委书记的习近平同志在全市水产工作会议上指出，"福州的优势在于江海，福

---

① 苏文菁：《海洋与人类文明的生产》，社会科学文献出版社，2016，第154页。

② 《邓小平1979年8月2日视察105号导弹驱逐舰时的讲话，为了实践三代领导人的嘱托》，《中国海洋报》1997年4月25日。

州的出路在于江海，福州的希望在于江海，福州的发展也在于江海"①。在党的十四大精神以及邓小平南方谈话的背景下，习近平同志多年来的海洋发展观，于1994年凝练形成了区域社会陆海统筹、融合发展的新型建设目标——"海上福州"。

二 建设"海上福州"重要历程

30年来，福州市紧紧抓住"海上福州"建设目标，久久为功，在不同的发展阶段，紧跟国家发展大局，一步一个脚印，经过四个阶段的发展。在30年建设"海上福州"的探索实践过程中，"海上福州"的内涵也在不断丰富。而今，在地方综合治理与海洋经济成就等方面，福州已经成为我国海洋强国建设的一个典型案例。

（一）1994年《关于建设"海上福州"的意见》——"海上福州"的提出

1992年11月，习近平同志主持了《福州市20年经济社会发展战略设想》（以下简称"3820"战略工程）的制定，科学谋划了福州3年、8年与20年的发展蓝图。"3820"战略工程标志着习近平带领福州党政班子转变思想，将福州市拓展经济发展空间的视野从陆域转向江海。基于对福州市城市自然条件与历史积累的深刻认识，"3820"战略工程划定了闽江口金三角经济圈，西半环以闽江为界，北部是福马工业走廊，南部是福厦工业走廊；东半环则在海域，由连江县的粗芦岛、黄岐半岛等海岛、半岛组成。② 沿江向海的空间格局

---

① 中央党校采访实录编辑室：《习近平在福建（上）》，中共中央党校出版社，2021，第192页。

② 董瑞生：《福州市委书记习近平谈：闽江口金三角经济圈发展战略》，《瞭望周刊》1993年第16期。

已然落地，为福州今天乃至未来的发展方式与空间都定下了基调。

1994年5月，建设"海上福州"研讨会在平潭召开。会上，时任福州市委书记的习近平同志做了《开发海洋 再创福州新优势》的讲话，系统阐述了对发展海洋经济的深刻认识："沿海是我们辽阔的地域，是扩大对外开放的优势所在，我们切不可忽略了这一优势，也不能搞成单一的开发，而是通过综合开发，形成大产业优势。"①同年6月，《中共福州市委 福州市人民政府关于建设"海上福州"的意见》（以下简称《意见》）正式出台，首次从全局出发，规划福州海洋经济的发展方向和具体措施。

《意见》首先指出，海洋开发是"实现'3820'目标的重大战略措施，是发展经济的大动作，也是建立福州发展新优势的重要内容"②。由此可以看出，"3820"战略工程与建设"海上福州"，共同构成了一个系统谋划和具体部署相配合的典范。根据《意见》，建设"海上福州"以科技为先导，以发展海洋经济为中心，以海岸带、海域开发为主攻方向，推动海洋经济各产业的协调发展。工作重点包括实现一个目标，组建外海远洋捕捞船队和海上运输船队两支船队，建设围垦、港口建设、海岛（含沿海突出部）建设三大工程，扩展水产养殖、滨海旅游、海洋工业、对台经贸合作四个基地。

在建设"海上福州"的探索实践过程中，"海上福州"的内涵也在不断丰富。1998年，福州市委七届九次全会通过了市委、市政府《关于贯彻〈中共福建省委关于进一步加快发展海洋经济的决定〉的实施意见》，提出要加快海洋产业的"两个根本性转变"，建设一个

---

① 《开放发展 风起帆张——习近平总书记在福建的探索与实践·开放篇》，新华网，2017年7月20日，http://www.xinhuanet.com/politics/2017-07/20/c_1121351227.htm。

② 中共福州市委办公厅印发《中共福州市委、福州市人民政府关于建设"海上福州"意见》，1994年7月4日。

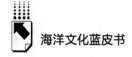

繁荣昌盛的"海上福州"，促进福州市海洋经济大发展。2006年，福州市出台《关于加快建设海洋经济强市的决定》，并制定《福州市"十一五"建设海洋经济强市专项规划》，提出要推进福州由资源大市向海洋经济强市跨越。

（二）2012年《关于在更高起点上加快建设"海上福州"的意见》——融入国家"海洋强国"战略

2009年5月，国务院发布了《关于支持福建省加快建设海峡西岸经济区的若干意见》；2011年3月，国家发展和改革委员会发布了《海峡西岸经济区发展规划》。2012年8月，福建省委、省政府出台《关于加快海洋经济发展的若干意见》，提出2020年全面建成海洋经济强省；10月，《福建海峡蓝色经济试验区发展规划》获国务院批准，福建海洋经济发展上升为国家战略。同年11月的中共十八大报告中，首次提出建设"海洋强国"，为我国海洋事业发展确定了战略目标。

在福建加快发展海洋经济、国家即将提出建设"海洋强国"的大背景下，2012年4月，福州市委、市政府出台《关于在更高起点上加快建设"海上福州"的意见》（以下简称《加快建设"海上福州"》），"海上福州"与全省发展战略、全国发展战略实现对接。文中指出，力争到2020年，努力将福州建设成为具有国际影响力、国内一流的海洋经济强市，基本实现再造一个"海上福州"的战略构想。①

《加快建设"海上福州"》主抓优化海洋经济空间布局、构建现代海洋产业体系、推进海洋经济开放合作、完善滨海基础设施和公共

---

① 《福州向海　蓝色崛起——在更高起点上加快建设"海上福州"系列综述之一》，2012年6月5日，http://fz.fjdsfzw.org.cn/2012-06-05/content_2516.html。

服务体系、加强海洋文化建设和加强海洋生态保护6项工作。着力构建"一带一核两翼四湾"的海洋开发新格局,成为蓝色战略的重中之重。共建"一带",即构建榕台海洋经济合作带。做强"一核",即以马尾新城为核心,集中布局现代海洋服务业和高新技术产业,形成闽江口高端产业集聚中心。提升"两翼",即包括以罗源湾、江阴两大港区为重点的南北两翼。培育"四湾",即在环罗源湾区域、闽江口区域、环福清湾区域、环兴化湾区域四个区域实施差异化发展。

(三)2016年《对接国家战略建设海上福州工作方案》——城市综合性发展方案

2016年8月,随着福建成为全国首个生态文明试验区,福州实现了"五区"叠加,即福州自贸片区、国家级新区——福州新区、国家生态文明试验区、海上丝绸之路核心区、中国自主创新示范区。为着力把握"五区叠加"战略机遇,2016年8月起,福州市海洋与渔业局等几家单位成立课题组,深入探讨"海上福州"的后续发展之路,最终形成了《对接国家战略建设海上福州工作方案》(以下简称《工作方案》),于11月9日正式发布。

《工作方案》将福州定位为21世纪海上丝绸之路建设的排头兵、"一带一路"互联互通重要门户枢纽、两岸海洋交流合作主通道、实施海洋强国战略领军城市、国家海洋经济创新发展示范城市、东亚现代海洋渔业贸易中心、世界海洋历史文化名城,为"海上福州"设计了"一轴串联、四湾联动、全域共建"的发展格局。《工作方案》还明确了十大重点任务:打造一个国际深水大港,建设四大千亿临港工业基地,培育四大海洋新兴产业集群,打造四大滨海旅游度假区,做强一个现代海洋渔业集群,构建一条现代化滨海城市带,发展三个海洋特色产业园区,开发八个无居民海岛,打造四大海洋文化品牌,拓展人文交流。至此,"海上福州"已经从单纯的海洋经济发展措

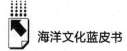

施，拓展成为一个涵盖海洋经济、海洋文化、海洋科技、海洋生态、国际交流等领域的综合性城市发展方案。其中，四大滨海旅游度假区包括琅岐国际生态旅游岛、环马祖澳滨海旅游区、长乐滨海旅游度假区、环福清湾（东壁岛）旅游度假区；四大海洋文化品牌为郑和文化、马尾船政文化、昙石山文化、海丝文化。①

为配合《工作方案》的实施，2017 年 1 月，"海上福州"办公室正式成立；2019 年 6 月底，市委、市政府成立对接国家战略建设"海上福州"领导小组，下设办公室，具体负责牵头组织实施"海上福州"相关工作。2019 年 6 月 5 日，市委、市政府召开全市产业发展促进大会，发布《关于加快福州市产业发展的工作意见》、"三个福州"行动方案和相关配套政策措施，"海上福州"为福州产业发展的主攻方向之一。福州以建设国家海洋经济发展示范区为新契机，做大做强临港产业，大力发展涉海经济，至 2020 年，实现从海洋资源大市向海洋经济强市的跨越。②

（四）2021年《推进新一轮"海上福州"建设实现海洋经济高质量发展三年行动方案（2021—2023年）》——"海上福州"成为国际品牌

2021 年是"3820"战略工程提出 30 周年。1 月，福州市委、市政府印发《坚持"3820"战略工程思想精髓 加快建设现代化国际城市行动纲要》，明确提出以国家海洋经济发展示范区建设为抓手，打

①　《福州出台对接国家战略建设海上福州工作方案："四湾"联动 "全域"共建》，2016 年 11 月 14 日，http：//fz. fjdsfzw. org. cn/2016 - 11 - 14/content_6504. html。

②　《一张蓝图绘到底 砥砺奋进谱新篇——庆祝新中国成立 70 周年福州专场新闻发布会答记者问实录》，2019 年 9 月 2 日，http：//fz. fjdsfzw. org. cn/2019-09-02/content_ 10469. html。

造"海上福州"国际品牌。同年8月,《推进新一轮"海上福州"建设实现海洋经济高质量发展三年行动方案(2021—2023年)》(以下简称《新一轮建设方案》)正式颁布,是目前关于"海上福州"建设的最新文件。[①]

围绕海洋产业的新领域、新业态,《新一轮建设方案》提出了十项重点任务。一是打造全球化发展的海洋信息产业基地,二是大力发展千亿临海能源产业,三是打造四个千亿级新材料产业基地,四是打造面向全球的现代渔业产业,五是打造世界一流港口,六是打造浓厚海洋文化和国际滨海旅游目的地,七是深化海洋生态综合治理,八是制定海洋"双碳"目标重点任务,九是强化海洋科技创新,十是打造东南沿海海洋交流合作新桥梁纽带。在海洋文化及文旅产业领域,《新一轮建设方案》提出充分挖掘昙石山文化、船政文化、福船文化、郑和文化等具有鲜明地方特色的海洋历史资源,保护好、传承好、弘扬好福州海洋文化;打造三大滨海旅游度假区,在长乐滨海旅游度假区、琅岐国际生态旅游岛、连江环马祖澳旅游区打造集旅游度假、会议培训、体育运动等功能于一体的大型滨海休闲旅游度假综合体;开拓休闲渔业新业态,打造环连江定海湾、罗源湾、福清湾渔业休闲旅游集中区;做大做强福州金鱼产业,发展观赏型休闲渔业,以打造"水乡渔村"为抓手,开拓渔业与旅游、休闲、文化等产业有机融合的休闲渔业新业态。

三 "海上福州"建设现状:立足海的优势、做实海的文章

30年来,福州始终坚持"一张蓝图绘到底",持续践行习近平同

[①] 江海:《"海上福州"建设三年行动方案发布》,东南网,2021年8月19日,http://fz.fjsen.com/2021-08/19/content_ 30814903. htm。

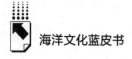
志在福州工作期间推动"海上福州"建设的重要理念和重大实践。
2023年，全市海洋生产总值3250亿元，居全国第三。①

（一）渔业、水产养殖与水产品加工业

渔业是福州传统产业，涉及全市11个县（市）区、188个渔业村，渔业人口46.42万人、渔业从业人员25.4万人。截至2023年，建成并投入使用的三级以上标准渔港44个，其中中心渔港2个（连江黄岐、连江苔箓），二级渔港13个，三级渔港29个。全市水产品养殖面积6.97万公顷，养殖品种丰富，其中主要海水养殖品种37种，淡水养殖品种40种。② 2023年水产品产量307.5万吨，居全国第二；渔业产值691.85亿元，居全国第一。③ 今天福州渔业转型升级持续加快，整体朝着经济发展、环境友好、资源节约、产品安全、绿色高效方向迈进。

1.海洋捕捞由近海向远洋拓展

远洋渔业是福州海洋经济优势产业之一，长期保持全省首位、全国领先地位。④ 连江是我国最早发展远洋渔业的地区之一。1993年5月，10艘木制渔船载着154名连江县东升村的渔民远赴印尼海域生产，从此开启了福州远洋渔业发展的序幕。不同于1985年中国水产总公司组织的中国首支远洋渔业船队，这是一次以民间方式开展的远

---

① 福州市人民政府新闻办公室：《2024海峡（福州）渔业周新闻发布会图文实录》，福州市人民政府，2024年5月28日，https：//www.fuzhou.cn/zcjd/xwfb/202406/t20240618_4844708.htm。

② 本小节未标注来源数据均由福州市海洋与渔业局提供，截至2023年4月。

③ 福州市人民政府新闻办公室：《2024海峡（福州）渔业周新闻发布会图文实录》，福州市人民政府，2024年5月28日，https：//www.fuzhou.gov.cn/zcjd/xwfb/202406/t20240618_4844708.htm。

④ 《福州市"十四五"渔业发展专项规划》，福州市海洋与渔业局，2023年2月23日，https：//www.fuzhou.gov.cn/zgfzzt/sswgh/fzssswghzswj/202407/P020240702358049433680.pdf。

洋渔业生产活动。全市现有远洋渔船 451 艘，年产量超 45 万吨。[①]
渔船作业分布在太平洋、印度洋、大西洋、南极海域，以及毛里塔尼
亚、几内亚比绍等国家和地区。在东盟、非洲国家建成 5 个境外远洋
渔业综合基地，其中宏东毛塔基地是全国最大的境外远洋渔业综合
基地。

2019 年，福州（连江）国家远洋渔业基地获农业农村部批准设
立，为全国第三家国家级远洋渔业基地。基地核心区位于连江县粗芦
岛，计划建设国际远洋渔业母港、国际水产品交易中心、智能冷链物
流中心等功能区，打造中国远洋渔业产业集聚区、中国渔业对外开放
重要海上门户。规划年靠泊服务远洋渔业及相关船舶 600 艘，远洋生
产量 40 万吨、远洋渔获进关量 100 万吨。2024 年完成一期建设后启
动试运行，迎接第一批入港的远洋渔船。

2. 水产养殖由传统粗放型向高效生态型转变

福州拥有以鲍鱼、南美白对虾、鳗鲡、海带、金鱼等为主导的多
个特色优势产业；连江是全国最大的鲍鱼养殖基地和海带主产区，福
清是全国重要的鳗鲡养殖基地。

福州率先发展深海装备养殖，在连江县海域先后引进振华重工
"振鲍 1 号""振渔 1 号"及福船集团"福鲍 1 号"等开展养殖试验，
取得基本成功；鼓励支持民营企业建造深远海养殖平台，"泰渔 1
号"浮体顺利下水。累计投放养殖平台 11 台（套），居全国地级市
首位。养殖平台装设有智慧渔业系统，可以清晰看到大黄鱼活动的景
象。水下装有声呐、视频监控、海流监测和传输设备，便于工作人员
及时调整养殖方案。

---

① 《海洋经济高质量发展典型经验之福州篇——建设"海上福州" 打造"蓝色
聚宝盆"》，福建省发展和改革委员会，2024 年 7 月 15 日，https://fgw.
fujian.gov.cn/zwgk/xwdt/sxdt/202407/t20240715_ 6483439.htm。

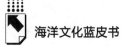

水产种业成为一大优势产业。水产养殖品种向部分优高品种集聚，花蛤、海带、紫菜等特色优势种业在全省乃至全国居领先地位。全市现有水产苗种场 224 家，海带和花蛤育苗产量分别占全国 60%、80%以上，连江官坞是全国最大的海带育苗基地，福清是全国花蛤苗最重要的培养基地。全市获评中国水产种业育繁推一体化优势企业 1 家、国家水产种业阵型企业 3 家。

3. 水产品加工由初级向精深转换

福州水产加工业发达，有鱼糜制品、藻类、对虾、烤鳗、鲍鱼五大水产加工品，其中鱼糜制品产量产值居全国首位，烤鳗产量居世界首位。全市拥有规模以上水产加工企业 89 家，国家级农业产业化龙头企业 6 家；拥有连江鲍鱼百亿强县等多个特色产业县；拥有水产加工船 3 艘，2019 年初下水的第二艘水产加工船"闽连渔冷 62999"是目前全省最大的海上水产加工船，年产量可达 3000 吨，年产值可达1.5 亿元。①

马尾区拥有全国最大的水产品交易集散地"海峡水产品交易中心"、我国唯一面向海外的"中国·东盟海产品交易所"，水产品冷链物流基础设施形成连片布局。水产品预制菜规模已初步形成，水产品预制菜上下游企业共 54 家，2023 年全区水产品加工产量超 731 吨，产值超 123 亿元，水产品预制菜生产企业产值近 80 亿元。②

借助预制菜风口和福建水产资源优势，海峡（福州）渔业周·中国（福州）国际渔业博览会高度聚焦"水产预制菜"，已成为全国

---

① 《福州市"十四五"渔业发展专项规划》，福州市海洋与渔业局，2023 年 2 月23 日，https：//www. fuzhou. gov. cn/zgfzzt/sswgh/fzssswghzswj/202407/P020240702358049433680. pdf。

② 福州市海洋与渔业局：《关于市十六届人大三次会议第 1202 号建议的答复》，2024 年 4 月 28 日，https：//hyj. fuzhou. gov. cn/zfxxgkzl/gkml/yzdgkdqtxx/202404/t20240428_ 4815963. htm。

最大的水产预制菜展览、交易、研讨、发布平台，于 2022 年、2023 年先后举办两届中国水产预制菜产业高峰论坛暨水产预制菜加工与设备论坛。

（二）港口建设与临港工业发展

福州港建成有生产性泊位 177 个，其中万吨级泊位 83 个，航线通达全球 40 多个国家和地区，布局"丝路海运"航线 8 条。2023 年福州港货物吞吐量 3.32 亿吨，增长 10.1%；集装箱吞吐量 368 万标箱，增长 6.5%。[①] 福清江阴化工新材料产业基地、连江可门高端新材料产业基地两大临港产业基地已经基本成形。

1. 福清江阴港区

江阴港区位于福建省最大海湾——兴化湾北岸中部，是"全国少有、福建最佳"的深水良港，长年不冻不淤，20 万吨级以上大型船舶可在此通航、靠泊和调头。

江阴港最早于 1992 年由著名爱国侨领林文镜先生发现并捐资完成勘测，后来又与新加坡港务集团、福州市港务局、福清市有关部门联合投资建设。2002 年 12 月，江阴港一号深水泊位 3 万吨级码头、兼靠 5 万吨级集装箱船码头建成投入使用。作为集装箱枢纽港，江阴港区现已建成 9 个集装箱码头、1 个煤码头，以及全省唯一连片的 4 个液体化工码头，并开通海铁联运。2001 年 6 月福州市江阴工业集中区成立，2006 年 4 月升格为省级开发区。2010 年 5 月经国务院批准设立福州保税港区；2014 年 12 月国务院批准成立福建自由贸易试验区，将福州保税港区纳入福州片区规划范围。2017 年 8 月，福州市江阴工业集中区、福建自贸试验区福州片区保税港区整合形成福州

---

① 《海洋经济高质量发展典型经验之福州篇——建设"海上福州" 打造"蓝色聚宝盆"》，福建省发展和改革委员会，2024 年 7 月 15 日，https：//fgw. fujian. gov. cn/zwgk/xwdt/sxdt/202407/t20240715_ 6483439. htm。

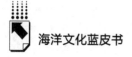

江阴港城经济区。

经过20多年的开发建设，产港城不断融合发展，已基本形成化工新材料、先进制造业、进出口贸易与航运物流三大主导产业，产业聚集效应日益凸显，沿海临港工业基地持续发挥产业集聚效应和规模优势，江阴港区形成化工新材料产业集群。截至目前，园区落地工业企业113家（规上企业88家），有万华化学、中景石化、坤彩科技、天辰耀隆、友谊集团等龙头企业。2023年，实现规上工业产值811.63亿元，同比增长31.26%。①

2. 连江可门港区

可门港旧称松崎港，位于福建省连江县东北部的黄岐半岛、罗源湾南岸。可门港具有水深、避风、避浪、规模大、锚地大、航道宽且顺直的特点，是福州港国际集装箱和大型散杂货、大型矿建、能源运输的主要港区。可建码头岸线总长约10千米，平均水深在30米以上，最大水深达80米，截至目前已建成投用码头泊位13个。2023年，可门港港口吞吐量达到5274万吨。②

可门港的建设始于2002年，经交通部、福建省政府联合审查，将罗源湾可门港区规划纳入《福州港总体规划》。③ 2003年12月，华电可门火电厂开工建设。与此配套，由华电集团和省交通运输公司合作建成15万吨级和5万吨级煤炭专用码头各一个，成为福建省最大的煤炭转运基地。福建省能源集团、由福建省煤炭集团组建的可门物流公司、福建省恒联集团等陆续而来，使物流业成为可门港区的一

---

① 《福州江阴港城经济区简介》，福清市人民政府，2024年3月13日，http://www.fuqing.gov.cn/xjwz/zwgk/ztzl/jymhwz/yqgk/202403/t20240313_4790697.htm。

② 林文婧、朱榕：《万吨级外贸船停靠连江可门作业区》，《福州日报》2024年5月1日，https://m.fznews.com.cn/lianjiang/20240501/qX1bDTNDbh.shtml。

③ 《港口建设》，福州市连江县人民政府，http://www.fzlj.gov.cn/xjwz/zjlj/tsjj/gkjs/。

大支柱产业。

可门港区还拥有两大千亿级产业。2013 年，申远新材料公司成立，建设申远新材料一体化产业园，已内酰胺生产基地产量跃居全球第一；2023 年，宁德时代配套项目溥泉新能源签约可门港，带动上下游溥泉、祺添、东恒、辉煌等 8 家新能源企业连接落地，建成后有望成为全球最大锂电池绿色循环利用基地。连江经济开发区可门园区先后吸引了央企、国企、大型民企等 55 家知名企业落地，2022 年，园区实现规上工业总产值 515.2 亿元，增长 57.9%。[①]

（三）海洋科技发展

1. 海洋科技机构和平台建设

福州高度重视海洋科技机构与平台建设，促进海洋与渔业科技成果转化，推动产学研用深度融合。2019 年依托闽江学院成立福州海洋研究院，2023 年进一步嫁接海峡水产种业联合研发中心、深海养殖联合研发中心、智慧海洋联合研发中心、水产品精深加工联合研发中心、海洋生物制药联合研发中心、海工装备联合研发中心六大海洋产业联合研发中心，形成积极培育 N 个沿海创新集群高地的"1+6+N"模式，全力提升福州海洋科技自主创新能力。2022 年，福州市海洋与渔业科技创新联盟成立，涵盖省内高校、科研院所、海洋与渔业企业等 36 个成员单位。

2. 海洋公共服务的科技创新

福州致力于通过科技创新，提升海洋公共治理水平，打造海洋信息服务业高地。2022 年，连江黄岐国家中心渔港打造全省首个"智慧渔港"，推动渔港、渔船和船员管理向数字化、智能化转型。智慧

---

① 《开拓创新潮头立 千亿港城活力涌：连江经济开发区可门园区手握"三个密码"实现高质量发展》，福州市人民政府，2023 年 9 月 4 日，https：//www.fuzhou.gov.cn/zwgk/gzdt/tpxw/202309/t20230904_ 4667358.htm。

渔港是一个"依港管船、依港管人、依港管安全"的管理平台，搭建渔港综合决策指挥中心、智慧渔船管理系统、智慧港区管理系统、智慧港区移动应用小程序，综合利用大数据分析、AI智能、物联网等信息化技术，有效解决了船员违规出海、船舶进出无序等一系列影响渔业安全生产的问题。

高通量卫星互联网技术可通过高通量通信卫星在渔船用户与宽带互联网之间建立连接，使海上渔民能够享受到家庭宽带般高速率、高带宽的互联网访问体验。2020年，福州市率先试点的高通量卫星互联网"宽带入海"项目——福建省海洋渔船卫星互联网测试项目，为全市大中型海洋渔船配备新一代高通量卫星通信终端，实现海陆互联全覆盖。

2023年，全国首幅渔业专题电子海图在福州发布，涵盖连江沿海5000平方千米海域，汇集渔业数据与海洋空间基础数据，可应用于渔业资源管理、航行安全保障、跨部门行业监管、汇聚行业集群等多行业工作场景。此外，还有福建及海峡地震观测网、海联网应用示范中心等项目陆续建成投用。

（四）海洋生态保护

1. 海洋环境保护与资源养护

根据江海相连的自然环境特征，福州着力打造淡咸水交界处特有的红树林湿地。福建闽江河口湿地国家级自然保护区地处东亚至澳大利西亚候鸟迁徙通道的中间驿站，是迁徙水鸟重要驿站地、越冬地和燕鸥类重要繁殖区。从2003年设立县级自然保护区开始，福州采取了叫停不合理项目、清除互花米草、启动退养还湿等措施，构建了系统完备、科学规范、运行有效的湿地生态修复和保护机制。2013年，闽江河口湿地升格为国家级自然保护区，2020年列入国家重要湿地名录；2022年，"福建闽江河口湿地：海、陆生物地理过渡带"正式成为我国世界遗产预备项目。现在，自然保护区总面积 2100 公顷，内部野生动植物有 1089 种，其中水鸟 152 种，年均栖息该湿地水鸟数量超 5 万只。附近海域也是全球海洋物种最为丰富的区域之一，闽江河口记录有鱼类 111 种。[①] 闽江口湿地保护区还带动了罗源湾、连江敖江口、福清兴化湾等地，共同形成闽东沿海串珠状生态湿地格局。

在水生生物资源养护工作方面，福州近十年来在近岸海域、闽江流域放流各类海、淡水苗种超 60 亿尾（粒），对促进渔业可持续发展起到积极作用。重视开展增殖放流活动，如 2023 年福州"万人亿鱼"水生生物增殖放流系列活动，在"5·22 国际生物多样性日""6·6 八闽放鱼日"等重要日期均举办相关活动，不仅有利于水生生物资源的恢复和福州水域生态环境的改善，也起到了规范公众放生行为、增强海洋生态意识的科普宣传作用。

2. 发展海洋生态产业体系

福州大力发展绿色高效水产养殖，鼓励传统渔业往岸上走、往深海走，构建一条从种业、养殖、装备到精深加工的现代化产业全链条。具体措施包括发展工厂化养殖、深水抗风浪网箱、稻（农）渔综合种养等生态绿色高效养殖模式，全面实施海上传统养殖设施规模化环保化升级改造工作。

海洋牧场是以人工鱼礁为基本养殖载体，以生态系统平衡为指导思想，结合渔业增殖放流、健康养殖等技术手段，实现渔业可持续发展的生态渔业生产方式。以生态海洋牧场为中心，促进三产融合发展，构建集食品加工、旅游康养、科研教育、医疗健康、清洁能源于一体的"1+N"海洋生态产品价值实现模式。2022 年，福清东瀚海

---

① 《闽江口：湿地重生 万鸟翔集》，福州市长乐区人民政府，2022 年 6 月 20 日，http：//www.fzcl.gov.cn/xjwz/zjcl/zrdl/202206/t20220620_4382097.htm。

洋牧场获批国家级海洋牧场示范区，目前已开展两批增殖放流活动，完成一期4.07万空方人工鱼礁礁体投放。此外，连江县黄岐半岛海域人工鱼礁项目也在有序推进中。

3. 发展海洋碳汇渔业

海洋碳汇又称"蓝碳"，是将海洋作为一个特定载体吸收大气中的二氧化碳并将其固化，并通过收获水生生物产品把这些碳移出水体的过程和机制。养殖者可以通过将移出水体的碳在碳汇市场中出售，获得除水生生物本身以外的经济收入。福州推动成立了全国首个县级海洋碳汇交易服务平台——福州（连江）海洋碳汇交易服务平台，陆续完成全国首宗海洋渔业碳汇交易、全国首例渔业生态环境损害蓝碳赔偿案件、全国首笔用数字人民币采购海洋渔业碳汇等创举。

2022年，亿达食品位于连江东洛岛海域的近3000亩海带养殖基地的渔业碳汇作价12万元，售予厦门产权交易中心，用于兴业银行与厦门航空推出的"碳中和机票"活动，完成了全国第一宗海洋渔业碳汇交易。2023年，在福州渔博会期间举办海洋（渔业）碳汇高峰论坛上，亿达食品收到了全国首张由海洋与渔业部门备案确认的蓝色碳票，涉及约171.8公顷蓝色海域，折算碳减排量27456吨，估值超过55万元。[①]

（五）海洋文化建设与国际海洋交流合作

1. 文化品牌建设与推广

作为"中国自主引入西方先进技术且成功转化的突出案例"，福州近年来正在不断推动福建船政文化申遗工作。2022年，中国船政文化博物馆新馆开馆，位于船政文化城核心区——造船厂片区内，由

---

① 张颖、陈旻：《渔业碳汇交易的探索》，福建省人民政府，2023年8月17日，https：//www.fujian.gov.cn/zwgk/ztzl/sxzygwzxsgzx/sdjj/hyjj/202308/t20230817_6231129.htm。

原马尾造船厂综合仓库改造而成。此外，还先后投入 20 多亿元完成船政古街、船政格致园、船政官街等五个区域以及"国保"福建船政建筑、昭忠祠，"省保"马限山近代建筑群等的修缮保护，并培育了歌剧《船政往事》、闽剧《马江魂》、文旅演艺节目《最忆船政》等一批文艺作品。

闽侯县昙石山遗址是中国东南沿海地区最具代表性的新石器时代晚期文化之一，定位为"福建海洋文化从这里开始"。考古工作者先后在昙石山进行了 10 次正式考古发掘，是福建发掘面积最大、积累资料最丰富、开展研究项目最多的考古学文化研究基地。2001 年，昙石山遗址列入全国重点文物保护单位；2021 年，列入中国"百年百大考古发现"名单。2008 年昙石山遗址博物馆对外开放后，与昙石山特色历史文化街区、闽都民俗园、闽侯县博物馆连成一片，形成了一条精品文化旅游路线。

依托优势产业——渔业，福州构建了以福州金鱼、福州鱼丸为双亮点，其他渔业品牌齐头并进的渔业品牌体系。福州先后被授予"中国鱼丸之都""中国金鱼之都""中国鳗鲡之都""中国海带之都""中国海洋美食之都"称号；连江鲍鱼、漳港海蚌等 10 个特色品种获评国家地理标志证明商标或国家地理标志保护产品；在福建省海洋与渔业厅等开展的三批"福建十大渔业品牌"评选活动中，福州金鱼、福州烤鳗等 9 个品牌榜上有名。

福州鱼丸持续重视品牌宣传推广，先后实施了成立福州鱼丸协会，建设福州鱼丸博物馆，推动福州鱼丸品牌门店落地，推进福州鱼丸进肯德基等新零售、进公园景区和交通枢纽等措施。2023 年举办福州（连马）鱼丸文化节，发布了"2023 年度十大最受市民喜爱的鱼丸门店"和福州鱼丸美食地图，并完成了成都、青岛、厦门、上海、海口五个城市的福州鱼丸·福州金鱼神州行巡展活动。2007 年，福州永和鱼丸制作技艺列入福建省第二批省级非物质文化遗产名录。

福州养殖金鱼历史悠久，品种繁多，是全国最大的金鱼养殖基地。2020年全国首家金鱼博物馆——国潮金鱼博物馆开业。至2023年，已举办10届中国（福州）金鱼文化节、6届中国（福州）金鱼大赛，并举办金鱼IP形象发布会、金鱼直播节、首届福州金鱼漆艺创新大赛、恭王府2023年宫廷金鱼展等活动。与福州鱼丸同步实行福州金鱼"进万家"和"神州行"，打造福州金鱼城市会客厅。

2. 举办海洋文化节庆和大型展会促进交流

福州连续16年成功举办海峡（福州）渔业周·中国（福州）国际渔业博览会，成为世界第三、中国第二的大型渔业专业展会。2023年福州渔博会于6月2~4日举行，展示面积4.86万平方米，参展企业超过400家，设置展位数超过1800个，来自俄罗斯、印尼、韩国、厄瓜多尔、泰国、越南、印度等超过12个国家及地区的企业报名参展。[①] 2023年10月12~15日，2023世界航海装备大会首次在福州举办，主题为"承载人类梦想 驶向星辰大海"。同期举办多场活动，包括中国海洋装备博览会、海洋装备产业链供应链生态大会、海洋经济合作创新发展大会和6场专题论坛等。

在文化交流方面，福州举办有丝绸之路国际电影节和"海上丝绸之路"（福州）国际旅游节。丝绸之路国际电影节自2014年起福建和陕西轮流主办。2023年9月，第十届丝绸之路国际电影节在福州开幕，精心组织启动仪式、"金丝路奖"主竞赛单元、"丝路十年·有福电影"十周年成果展、电影展映、电影论坛、电影市场、国别展特别活动、"有福电影·丝路闽陕"系列活动、颁奖晚会九大主体活动。海丝国际旅游节于2015年以来已成功举办八届。2023年

---

① 蒋巧玲：《与"海上福州"同频共振 蓝色经济劈浪前行——海峡（福州）渔业周·中国（福州）国际渔业博览会15周年纪实》，新华网客户端，2023年7月15日，https://app.xinhuanet.com/news/article.html? articleId = eef1440b652908d8bf2499d80d35a9ec。

11 月，第八届海丝国际旅游节顺利举办，包括启动仪式、文旅对话、"海丝奇妙夜"大型文旅体验活动、"爱旅游 爱生活"2023 福建旅游交易会和第十三届福州国际温泉旅游节、"海丝奇妙夜——视听星球"等配套活动。

作为"一带一路"海上合作重要交流平台，21 世纪海上合作委员会于 2017 年由中国人民对外友好协会与福州市人民政府在世界城市和地方政府联合组织亚太区框架内共同发起成立，委员会会址及秘书处永久设于福州。成立至今，已有 5 大洲 27 个国家的 65 个城市和组织加入委员会，举办了全体会员大会、主题论坛、海洋专题研讨活动、委员会专业会议等 26 场会议和研讨活动。

福州还积极举办海洋民俗节庆和文艺活动。除了鱼丸文化节、金鱼文化节外，2022 年起，每年 8 月 16 日举办福州（连江）开渔节，通过巡境祈福、开渔仪式、文艺表演、开渔市集等活动，祝福渔民出海平安顺利。2023 年，福州（连江）开渔节作为福建省开海文化季的一部分，与福建省其他重要渔港进行联动。2023 年 6 月在闽江之心海丝广场举办福州首届海洋文化音乐节，以"海上福州 蓝色梦想"为主题，讲述福州与海洋的故事及未来，配套海洋夜市、海洋文创产品展示等系列活动，宣传福州历史悠久、灿烂辉煌的海洋文化。

四 "海上福州"建设工作展望

（一）利用海洋文化的赋能作用，加快发展海洋旅游业

海洋旅游业是海洋文化产业的重要组成。当前，福州海洋旅游潜力仍未得到充分挖掘。从全市现有的海洋旅游产品来看，传统的海滨观光旅游占主导地位，以对海滨风貌和人文景观的观赏为主题，产品

较为单一，存在内部同质化现象。另外，现有旅游产品以陆域为主，海上观光线路和游船旅游项目较少，且缺乏高端产品。据此，建议发挥海洋文化对旅游产品的增值作用，注意对本地海洋人文特色的挖掘，在几大目的地之间形成差异化的定位；依托本地独有的海洋文化元素，加强休闲渔业、邮轮游艇、海洋体育等高端旅游产品的人文体验，并积极引入、打造一批富有特色的沉浸式旅游演艺、景区实景剧本杀等新型文旅融合产品。

（二）持续推动"科技兴海"，培育海洋新兴产业

经略海洋，关键在于科技创新。作为高新技术的聚集地，海洋新兴产业日益成为新的增长点，近年来海洋新兴产业增加值年均增速超过10%。[①] 据此，建议优化福州海洋科研力量布局，持续提升海洋科技创新水平。以海洋工程装备、海洋新能源、海洋医药生物等海洋新兴产业为着力点，加大研发投入和政策支持力度。打造以马尾造船等企业为龙头的船舶修造基地，以深远海养殖平台、大功率风电机组为特色的海洋工程装备制造基地；以滨海新城、高新区和仓山区三大产业园为基础，鼓励海洋生物医药产业发展；以近海养殖"渔光互补"光伏项目、三峡海上风电国际产业园为依托，培育海洋能源产业。

（三）围绕"海上福州"国际品牌，整合形成文化品牌体系

从目前福州推出的船政文化、郑和文化、闽都文化、侨乡文化等文化品牌中可看出，数量虽多，但相互之间未有统合，导致整体文化形象不清晰，无法形成合力。据此，建议围绕"海上福州"来组织、整合福州的各个子文化品牌。一大主题即明清至近代的港口贸易区，

---

① 黄晓芳：《海洋经济成新的增长点》，中华人民共和国中央人民政府，2022年5月28日，https://www.gov.cn/xinwen/2022-05-28/content_5692769.htm。

以台江区南公河口（中琉贸易）—上下杭（传统榕商）—烟台山（近代开埠）为主线；另一大主题是明清至近代的海事海防海军，以闽江入海口（郑和泊船处）—闽安古镇（水师衙门）—马尾船政为主线；两个主题通过闽江建立空间上的联系，共同构成福州作为明清至近代的国际港"由江向海"的文化形象。以海洋为线索串联上述文化品牌，可以充分发挥子品牌对"海上福州"国际品牌的支撑作用，达到整体的和谐统一。

（四）明确"海上福州"的理论位置，形成建设"海洋强国"的城市样板

习近平同志在福州任职前后六年，在其关于经略海洋的系列重要论述和实践中，"海上福州"有着特殊的节点地位，标志着对综合性海洋发展战略的思考已经初步成形。在中华民族需要走向海洋的时候，福州每每成为历史转折时期中国所亟须的实践样板。当代，福州又出现了"21世纪海上丝绸之路核心区"的新模式——中国-印尼"两国双园"，透过国家战略与民间资本的有效结合，体现了以海洋为平台加强对外交流合作的思路。据此，建议加强理论研究，明确"海上福州"的理论位置；总结建设发展经验，形成建设"海洋强国"和共建"一带一路"倡议的城市样板。

B.6
中国极地科学考察与海洋
文化建设40年报告

连 鹏*

摘 要： 全球气候变化、极地冰川融化、极地海洋资源开发等议题在国际社会中备受关注，极地作为地球环境的"前哨"，极地研究对于人类认知全球气候变化和海洋生态系统的健康具有重大意义。中国近年来加大了对极地科考的投入，特别是在极地海洋科考装备的研发和应用上取得了显著进展。同时，伴随国家海洋战略的实施，海洋文化建设成为提升国民海洋意识、增强国家软实力的重要内容。极地海洋科考装备的发展与海洋文化建设之间存在着紧密的联系，两者互为支撑，推动着中国从"海洋大国"向"海洋强国"迈进。

关键词： 极地科考 科考装备 海洋文化建设 海洋意识

极地海洋科考装备的发展与海洋文化建设之间的关系密切相连，二者在技术进步与文化认同的双向作用下，共同推动了中国在极地研究与海洋文化方面的进步。如极地海洋科考装备的发展已成为海洋文化发展的"土壤"。截至2024年，我国极地观测能力显著增强，已经形成了"2船7站1飞机1基地"的极地考察保障格局和陆海空天全方位立体考察体系。其中，极地海洋科考的核心装备之一是破冰船和极

＊ 连鹏，博士，中国水产科学研究院助理研究员，中国自然资源学会会员，上海秀美模型有限公司项目咨询专家，主持海洋科考船模型开发等课题多项，发表论文十余篇。

地考察船。中国自"雪龙号"破冰船的成功运营后，进一步建造了"雪龙2号"。这些装备为极地科研人员提供了安全、可靠的工作平台，推动了极地科学研究的深入发展。极地海洋科考装备还包括无人水下潜器、自动化气象站、海冰探测仪等设备，帮助科学家更全面地收集极地海洋、气象和冰层数据。这些先进的技术设备使中国的极地研究在全球范围内占据了重要地位。与此同时，随着科技实力的增强，中国自主研发的极地科考装备逐渐成熟，并且具有国际竞争力。通过与全球先进技术的接轨和融合，中国极地科考装备正在实现自主化与本土化，这不仅提升了国家的科研能力，也展现了中国科技文化的自信。

一 极地科考事业发展与海洋文化建设的关系概述

极地科考事业的发展与海洋文化建设之间的关系密切相连，二者在技术进步与文化认同的双向作用下，共同推动了中国在极地研究与海洋文化方面的进步。如极地海洋科考装备的发展已成为海洋文化发展的"土壤"。极地海洋科考的核心装备之一是破冰船和极地考察船。中国自"雪龙号"破冰船的成功运营后，进一步研发了"雪龙2号"，具备更强的极地考察能力。这些装备为极地科研人员提供了安全、可靠的工作平台，推动了极地科学研究的深入发展。极地海洋科考装备还包括无人水下潜器、自动化气象站、海冰探测仪等设备，帮助科学家更全面地收集极地海洋、气象和冰层的数据。这些先进的技术设备使中国的极地研究在全球范围内占据了重要地位。与此同时，随着科技实力的增强，中国自主研发的极地科考装备逐渐成熟，并且具有国际竞争力。通过与全球先进技术的接轨和融合，中国极地科考装备正在实现自主化与本土化，这不仅提升了国家的科研能力，也展现了中国科技文化的自信。

极地科考装备推进了海洋文化建设的脚步。极地海洋科考装备的发展不仅是技术上的突破，它也是海洋文化建设的一部分。通过极地科考活动，公众对极地环境、全球气候变化、海洋生态系统的认识逐渐加深，这种认知的形成不仅是科学传播的结果，也是海洋文化传播的体现。极地科考人员在长时间的工作与生活中逐渐形成了一种独特的极地文化。这种文化强调团队合作、克服极端环境困难的毅力和对自然的敬畏。极地文化作为中国海洋文化的延伸，融入了国家海洋意识和国际责任感。与此同时，极地科考活动展示了中国作为负责任大国的形象，提升了国民的海洋文化认同感。中国的极地研究不仅是科学探索，也代表了国家在国际海洋事务中的话语权。极地海洋文化的建设有助于提升国民的海洋意识，推动国家海洋战略的实施。在全球化背景下，中国通过极地科考与其他极地研究国家展开合作，不仅在科研技术上互相交流，也在文化层面形成了国际互动。极地科考活动成为中国与国际社会加强文化联系和合作的纽带，推动了海洋文化的全球化发展。极地海洋科考装备的发展为科学研究提供了强大的支持，同时也推动了海洋文化建设。通过极地科考，中国不仅在技术层面取得了进步，也在文化层面加强了对海洋的认知和责任感。这种双向推动不仅提高了国家的科技实力，还促进了海洋文化的传承与国际化发展，最终形成了科技与文化相互融合、共同发展的局面。

二 极地海洋科考的发展历程与现状

极地科考船的历史是科学探索与技术创新交织的历程。这些船舶为极地环境探究所设计，承担着研究冰盖、气候变化、生物多样性等多项重要任务。其发展最早可以追溯到 19 世纪末，随着极地探索的兴起，这些极地通行的船舶逐渐演变为现代高科技科研平台。从早期的木质探险船到现代的高科技科研平台，极地科考船的演变历程是人类追寻知识和挑战极限的缩影。

由于极地的复杂海况和较厚的海冰，科考船舶常常需要强大的破冰能力。最早的极地探险船多为木质结构，动力主要依靠风帆和蒸汽机。例如，挪威探险家弗里乔夫·南森（挪威语：Fridtjof Wedel-Jarisberg Nansen）于 1893 年乘坐"弗拉姆号"进行北极探险，该船设计巧妙，能够在冰中漂流多年而不受困。南森的探险标志着极地航行的一个新纪元，并奠定了现代极地科考船的设计基础。20 世纪初，随着科学技术的进步，极地科考船也发生了显著变化。在南极探险方面，1911 年，挪威探险家罗阿尔德·阿蒙森（Roald Amundsen）成功驾驶"前进号"到达南极点。这一壮举展示了高科技船只在极地探险中的重要性，"前进号"的成功也为后来的极地探险设立了新的标准。此后，极地科考船的发展逐渐采用钢铁结构和先进的动力系统。进入 20 世纪中叶，极地科考船开始集成更多现代科技和海洋科学考察设备。这也让众多海洋科考设备和破冰船产生了"美妙的结合"。20 世纪 50 年代，许多国家开始建造专门的极地科考船，用于极地的系统性研究。例如，1956 年，苏联建造的"北极号"成为第一艘专门设计用于北极航行的核动力破冰船，这一设计极大地扩展了极地科考船的能力和范围。21 世纪以来，极地科考船的发展更加注重环保和多功能性。现代极地科考船如"雪龙号""雪龙 2 号""极地号""阿尔维尔号""北极星 2 号"装备了先进的探测仪器、无人机和自动化系统，能够执行各种复杂的科学任务。此外，这些船只还采用了多项环保设计，以减少对极地环境的影响。近些年来各国越来越重视极地科学考察和极地资源的可持续开发，作为"极地研究重器"，极地科考船和破冰船也成为探索极地的重要途径。其中比较著名的有英国的"大卫-爱登堡爵士（Sir David Attenborough）号"，其拥有者为英国极地测量局。其船长约 128 米，能容纳多达 60 名科研人员和船员，提供适于长期任务的生活和工作设施。设计用于在极地的极端环境中操作，能够破冰行驶，其破冰能力达到最厚 1.2 米。该船 2020 年启用，主要支持英国在南极洲和北极地区的科学研究。这艘船不仅具有科研功能，还支持极地地区的物流运输任务。德国著名的极地科考明星"北极星（Polarstern）号"是其重要的极地科考力量，其拥有者为德国阿尔弗雷德-韦格纳研究所。"北极星号" 1982 年建造，船长 118 米，有 53 名科考人员，44 名船员。最大航速 16 节。自 1982 年 12 月 9 日投入使用以来，北极星航程已达约 330 万千米（截至 2021 年）。迄今为止，它是世界上效率最高的极地考察船之一。该船通常在 11 月至 3 月在南极巡航，而在夏季，科学家们则在北极水域进行研究。除此之外还有西班牙的"赫斯珀里得斯（Hespérides）号"。此船船长约 82.5 米，船宽 15.5 米，可容纳 37 名科考人员和 20 名左右船员，这艘船是西班牙在极地地区科学探险的主力舰，其特别的设计可以适应在极地恶劣环境条件下进行作业，包括能够在一定厚度的冰层中航行。该船主要用于在南极和北极进行科学研究，研究领域包括海洋生物学、气候变化、海洋化学、地质学等。而美国方面，阿拉斯加大学的"西库廖克（Sikuliaq）号"和"北极星号（USCGC Polar Star）"最为出名。前者船长 80 米，能够在冰封的水域中航行并进行科学研究，主要航行区域为阿拉斯加和极地地区。该船能够破冰厚度达 2.5 英尺，具有动态定位能力。船名"Sikuliaq"来源于伊努皮亚特语，意为"年轻的海冰"。续航能力为 45 天，航程达 18000 海里（约 33000 千米），可容纳 24 名科学家和 22 名船员。主要用于多学科的极地研究，支持沉积物采样、远程操作水下机器人、水团和海底调查，该船适用于大气、生态系统、渔业和地质研究；而后者"北极星号"船长约 122 米，是一艘重型破冰船，具备在厚达 6.4 米的冰层中破冰的能力。该船配备先进的导航和科学研究设备，能够在极端寒冷和恶劣条件下操作。该船建造于 1976 年，历史悠久，是美国最强大的破冰船之一。主要任务包括"深冻行动（Operation Deep Freeze）"，为南极洲的美国科研基地提供物资补给和人员运输工作。俄罗斯方面在极地科考和破冰船领域拥有世界上最庞大的船队，特别是在北极破冰船和核动力破冰船方面，俄罗斯的技术一直处于领先地位。并且一直非常重视核动力破冰船的投入和开发。为了应对冬季北极海域厚实的海冰（部分地区平均厚度超 2.5 米），从 1959 年苏联建造的第一艘核动力破冰船"列宁号"开始，俄罗斯至今已经拥有了 10 余艘民用的核动力破冰船，也是世界上唯一拥有核动力破冰船队的国家。迄今为止，俄罗斯核动力破冰船共经历了三代更新，并且逐步淘汰掉老旧的船只。目前世界上的破冰船一般分为三个级别：一种是 15000 匹马力左右的普通破冰船；另一种是 25000 匹马力左右的中级破冰船；还有一种就是北极级：75000 匹马力左右的核动力破冰船（包括："北极号""50 年胜利号""亚马尔号""西伯利亚号""俄国号""苏维埃号"等）。

总的来说，极地科考船的发展史不仅反映了人类对极地探索的热情，也展示了科技进步如何推动科学研究的边界拓展。随着全球气候变化问题的日益严峻，未来的极地科考船将继续在科学研究和环境保护中发挥至关重要的作用。世界极地科考船的发展历史是一个不断探索与创新的过程。从早期的木质探险船到现代的高科技科研平台，这些船只不仅推动了科学研究的进步，也展示了人类在极地环境中不懈追求知识的精神。随着科技的不断进步和全球合作的加强，未来的极地科考船将继续在科学研究和环境保护中发挥关键作用，为揭示地球极地的奥秘做出更大的贡献。

相比较国外，我国极地科考船的历史则相对较短。中国极地科考船的发展历史，可以追溯到 20 世纪 80 年代初。随着全球气候变化的加剧和极地科学研究的重要性日益突出，中国在极地科学考察方面的投入不断增加。以下是中国极地科考船发展的几个重要阶段。

1. 早期探索阶段（20世纪80年代）

中国的极地科学考察始于 20 世纪 80 年代初。当时，中国还没有专门的极地科考船，只能借助外籍船只进行考察。1984年，中国首次派遣了科学家参加国际合作的南极考察，这是中国极地科学考察的开端。1993年，中国从乌克兰购买了一艘破冰船，并将其改装为极地考察船，这便是著名的"雪龙号"。"雪龙号"全长167米，宽22.6米，排水量21110吨，是当时世界上少数几艘能够航行于极地冰区的考察船之一。"雪龙号"的引进标志着中国极地科考能力的显著提升。这艘船最初是由芬兰建造的，用于破冰和补给。经过改装，其具备了科学考察和运输物资的双重功能。自1994年起，"雪龙号"每年执行南极科学考察任务，并参与了多个国际极地合作项目。"雪龙号"的服役使中国在极地科考领域有了自己的平台，为科学家提供了稳定的研究基地。在此期间，中国在南极建立了长城站和中山站，进一步巩固了在极地科学研究中的地位。

2. 技术升级与新船型的引进（21世纪初至21世纪前20年）

随着科技的发展和科学研究的深入，"雪龙号"的技术逐渐显得落后。为了满足不断扩展的科学研究需求，中国在2019年引入了"雪龙2号"。这是一艘由中国自主设计建造的极地科考船，也是中国第一艘具有双向破冰能力的极地船舶，它能够在冰厚度达1.5米的冰层中前行。"雪龙2号"的服役标志着中国极地科考能力的又一次飞跃。该船配备了先进的科学设备，如海洋物理、海洋化学和海洋生物实验室，以及用于深海探测的各类仪器。"雪龙2号"的破冰能力和科研设备，使得中国科学家能够在更为恶劣的极地环境中进行更深入的研究。

3. 多元化的极地考察船队（21世纪20年代之后）

进入21世纪20年代，中国在极地考察船队的建设上继续加码。除了"雪龙号"和"雪龙2号"外，中国还在筹建和规划新的科考船只，以进一步增强在极地科研领域的自主创新能力。这些新船型不仅将配备更先进的科学设备，还将具备更强的破冰能力和更广泛的研究应用。例如，2024年7月正式入列的"极地号"破冰船，其搭载了先进的大气、地学探测设备，可以在1米厚的当年冰海冰中航行。极地科考船作为这一战略的核心工具，其发展将持续提升中国在全球极地研究中的地位。

中国极地科考船的发展历程（参见图1），是中国科技创新能力提升和国际科研合作深化的一个缩影。从无到有，从借用他国船只到拥有自主设计建造的先进科考船，中国在极地科学研究领域取得了显著进展。未来，随着新的科考船和科学设备的投入使用，中国的极地科学研究将进入一个更加辉煌的新时代。"雪龙号"和"雪龙2号"作为中国极地考察的代表性船只，见证了中国极地科学研究的不断进步。未来，中国将继续加强极地科学研究和海洋文化建设，为全球极地科学研究和海洋文化的发展做出更大的贡献。

三　中国海洋文化建设的历史与现状

1. 中国传统海洋文化的根源：海上丝绸之路与航海文明

中国的海洋文化源远流长，尤其是海上丝绸之路，它不仅是一条商贸通道，更是文化传播的纽带。以泉州港为例，作为海上丝绸之路的重要起点，这里见证了中外文化、宗教的交流与融合。泉州的清净寺便是中国现存最古老的伊斯兰教建筑之一，显示了早期阿拉伯商人带来的文化影响。此外，在宋元时期，泉州港已成为世界上最大的港口之一，吸引了来自阿拉伯、印度、东南亚等地的商船，形成了独具特色的"海丝文化圈"。郑和下西洋是中国传统海洋文化的高峰之一。明朝时期，郑和率领的庞大船队多次远航，遍及东南亚、南亚、非洲东海岸等地。这不仅是航海技术的突破，也是一种海洋文明的体现。郑和的远航带回了异域珍宝，促进了明朝与海外国家的友好往来，也让中国的航海文明影响了全球。今天，福建长乐的郑和纪念馆

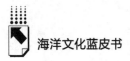

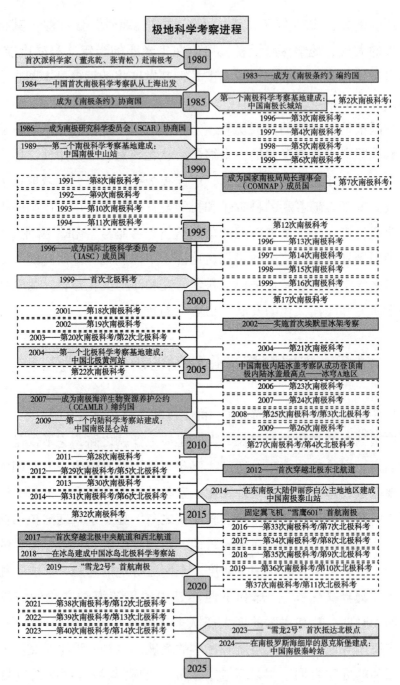

图1　中国极地科学考察历程

便是为了纪念这一壮举而设立，它不仅展示了郑和船队的壮丽风貌，也反映了中国传统海洋文化的深远影响。

2. 近现代海洋文化的衰退与重振

近代中国的海洋文化在西方列强的压迫下经历了长时间的衰退。鸦片战争后，英法等国强占中国沿海重要港口，迫使中国在国际海洋事务中处于被动地位。最典型的例子便是香港、澳门等地的割让，使中国失去了部分海上通道的控制权，海洋文化的延续性受到严重影响。这段历史造成了中国对海洋文化的短暂忽视，很多沿海城市的海洋文化逐渐淡化，民众对海洋的关注减少。然而，20世纪初，随着中国民族意识的觉醒，海洋文化的重振逐渐成为可能。抗日战争期间，东南沿海的海上游击队如福建沿海的抗日武装，在日军的封锁下依然活跃，通过海上运输线为抗日力量输送物资，保留了中国对海洋的控制和利用权。这一时期的海上斗争也成为近代海洋文化的象征之一。中华人民共和国成立后，特别是20世纪70年代，国家开始重视海洋资源的开发与利用，如渤海石油的开发，象征着中国重新掌握对近海资源的控制权，海洋文化随之逐渐恢复。

3. 改革开放以来中国海洋文化的复兴

改革开放是中国海洋文化复兴的关键转折点。1978年之后，中国开始全面开发海洋资源，渔业、航运、港口建设等领域得到了快速发展，推动了海洋文化的全面复兴。以厦门市为例，这座城市在改革开放后成为中国的经济特区，依托其天然的深水良港，发展了集航运、渔业、旅游业为一体的综合海洋经济体系。每年在厦门举办的"世界海洋日"活动，已成为传播海洋文化的重要平台，吸引了大量国际海洋专家和爱好者参与。厦门大学海洋与地球学院也在推动海洋科学研究的同时，积极传播海洋文化。此外，海南岛的建设是中国海洋文化复兴的另一个典型案例。作为全国唯一的热带省份，海南的独特地理位置使其成为海洋开发的重点地区。自

20 世纪 90 年代起，海南大力发展旅游业，并将海洋文化融入其中，推出了诸如南海文化节等活动，使中国传统的海洋文化与现代旅游业相融合。此外，三沙市的设立进一步凸显了中国对海洋权益和文化的重视。这座新兴的城市不仅是国家在南海的前哨，还承载着海洋文化传播的使命，通过文化活动和建设，将南海文化推向全国和世界。

随着科技的发展，现代海洋文化在复兴过程中也与高科技深度结合。例如，2013 年中国自主建造的"蛟龙号"深海载人潜水器成功下潜到 7000 多米的深度，成为全球深潜纪录的创造者之一。这不仅是中国科技实力的体现，也是现代海洋文化的具体表现。通过这样的高科技成就，海洋文化得以更加深入地传播到公众当中，激发了更多人对海洋的兴趣与热情。

四　极地科考装备发展对中国海洋文化建设的推动作用

1. 探索精神的传承与延续

极地科考不仅是一项复杂的科学任务，更是一场极限挑战。中国科考队在极地环境中面临的挑战包括极寒天气、极夜和极昼现象、暴风雪，以及复杂的冰层地形等自然因素。这些挑战对科考队员的体能、技术和心理都提出了极高的要求。例如，在南极洲的冰盖上，温度常年在零下 30 摄氏度以下，暴风雪时速超过 100 千米，队员们需要在极其恶劣的条件下工作和生活，任何疏忽都可能导致严重的后果。中国科考队在探索精神的传承上也进行了许多卓越的实践。例如，2014 年，在一次南极考察任务中，雪龙号被厚厚的海冰困住，面临船只无法继续航行的险境。尽管如此，科考队员依旧保持了冷静和专业素养，最终通过国际救援以及自身的努力成功脱险。这一事件展现了中国科考队在极端情况下的冒险精神和团队合作能力。

此外，中国的极地科考不仅在南极取得了重要成就，在北极的考察也展现了冒险与探索精神。近年来，中国通过对北极航道的考察，探索了北极资源的开发潜力，并对全球气候变化进行了监测。例如，在2017年，中国科考队利用"雪龙号"完成了"北极东北航道"穿越考察，这是全球极地科考中的一大壮举。这类极地科考不仅展示了中国在极端环境中的探索能力，还丰富了中国海洋文化的现代内涵，激励了年轻一代更加关注和参与极地探险与科学研究。

2. 科技成就塑造文化认同

极地科考装备的发展代表了中国在海洋科技领域的重大进步，这不仅提升了中国极地科考的科学研究能力，也增强了民族自豪感。例如，"雪龙号"是中国第一艘极地考察破冰船，自1994年服役以来，已执行了数十次极地考察任务。它具备在极端气候条件下航行和破冰的能力，能够承载科学家及其研究设备，进行大规模极地探测。随后，中国自主设计建造的"雪龙2号"破冰船于2019年正式投入使用，它具备双向破冰能力，在冰层厚度达1.5米的条件下能够自如航行。这些装备的研发和使用，标志着中国在极地科考装备方面达到了国际先进水平。

除了破冰船，中国还发展了多种极地科考装备。例如"极地ARV"（自动遥控海洋环境监测系统）中自主研发的水下机器人，能够在极地冰层下进行复杂的海洋探测任务。通过"极地ARV"，中国科学家能够获取极地海域的高精度数据，包括海洋温度、盐度、洋流等信息，这些数据对于理解极地气候变化和全球环境的变化至关重要。另一个重要装备是"海燕"系列水下滑翔机，它能够在冰层下自主航行，长时间监测海洋物理、化学参数，提升了中国极地海洋科学的研究能力。

这些装备的技术突破不仅增强了中国在极地科考中的竞争力，也

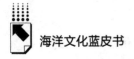

让中国人民感到自豪。通过这些高科技设备的应用，中国的海洋文化开始从传统的航海、渔业文化转型为依靠科技创新推动的现代化海洋文化，这种转型不仅反映了中国科技实力的进步，也展示了海洋文化的现代化与国际化进程。

3. 极地故事与海洋文化的传播

极地科考的成功故事不仅为科学研究提供了数据和成果，也为中国的文学、影视等文化作品提供了丰富的素材。这些作品通过讲述极地探险的故事，传播了中国的海洋文化，并激发了公众对极地科考的兴趣。

例如，《极地跨越》《中国南极记忆》等纪录片详细记录了中国科考队员在南极和北极的探险经历，展现了他们在极地环境中克服重重困难、完成科学任务的艰辛过程。这些纪录片通过震撼的视觉效果和真实的科考场景，不仅让观众了解了极地科考的细节，还在文化层面传播了极地探险精神。另一部备受关注的纪录片《雪龙号的故事》深入讲述了雪龙号在极地科考中的重要角色，并通过科考队员的亲身讲述，将极地科考中的探险精神和科学研究结合起来，向公众传递了中国海洋文化中的探索精神。此外，极地探险的故事还进入了中国的文学创作领域。例如，一些极地探险题材的小说通过描写科考队员在极端环境中的奋斗与合作，传递了极地科考中的人文精神。这些文学作品不仅让公众更深入地了解极地探险，也增强了极地探险故事在中国文化中的影响力。

极地科考装备的技术进步，使中国科学家能够在极端条件下进行深入的海洋科学研究，极大地提升了中国对极地海洋的科学认知。例如，通过使用"雪龙号"和"雪龙2号"破冰船，中国科学家得以在南极和北极海域开展一系列科学研究，包括冰川学、海洋学、大气科学等领域的工作。这些研究不仅为全球气候变化研究提供了宝贵的数据，也为中国在国际海洋事务中的地位提升提供了支持。

例如，中国在南极罗斯海开展的海洋生态系统研究，揭示了极地海洋生物的多样性及其对全球气候变化的响应。这些科学成果不仅丰富了中国海洋文化的内涵，也为全球海洋保护和可持续发展贡献了中国智慧。此外，通过与国际极地科考组织的合作，中国科学家在极地研究中也拓展了更广阔的国际视野，这使得中国的海洋文化不再局限于国内视角，而是具备了全球性和前瞻性。另一个显著的例子是中国在北极地区的研究成果。通过使用 ARV 和水下滑翔机等先进装备，中国科学家在北极冰盖下进行了长时间的监测工作，获得了北极海洋的物理、化学参数。这些数据对于理解北极海洋环境的变化至关重要，并对全球气候模式预测产生了深远影响。这些研究成果不仅推动了科学认知的进步，还为海洋文化的深度和广度发展提供了新的内容。通过极地科考装备的发展，中国对极地海洋的科学认知大大提升，使得海洋文化得以从传统领域向更广泛、更科学化的方向发展。通过与国际社会的合作，中国的极地研究还进一步推动了全球海洋文化的共同发展，展现了中国在全球海洋事务中的文化影响力。

五 海洋文化建设对极地海洋科考装备发展的耦合作用

随着全球气候变化和生态环境问题的日益严峻，极地科考的战略意义愈发重要。极地地区不仅是全球气候变化的敏感区，也是科学探索的重要前沿。中国作为海洋大国，极地科研工作在国家战略布局中占据了越来越重要的地位。海洋文化的建设，不仅增强了公众的海洋意识，也推动了极地海洋科考装备的技术创新和发展。

1.文化认同感与公众支持

近年来，随着中国加大对海洋文化建设的投入，公众的海洋意识逐渐增强。国家提出的"建设海洋强国"战略推动了海洋相关产业的发展，同时也增强了公众对海洋和极地研究的认同感。这种文化认同感不仅提升了社会对极地科考的关注，还促使公众理解了极地科研对全球生态环境的关键作用。通过海洋文化的推广，公众认识到极地科考不仅是国家科学研究的重要组成部分，也是全球环境保护的前沿领域。这种认知的转变带动了社会对极地科考任务的广泛支持，从而进一步推动了极地科考装备的研发和投入。社会对极地科考装备的需求逐渐增加，推动了政府和企业在此领域的资金投入。

文化认同感的提升直接促进了极地科考装备的资金投入和社会需求。近年来，随着公众对极地科考的关注度不断提高，中国政府加大了对极地科考项目的支持力度，尤其是在极地科考装备的研发和生产方面。例如，中国政府在"雪龙号"破冰船的升级改造、极地科学考察站的建设以及新型科考装备的研发上投入了大量资源。这些资金的投入不仅提升了极地科考装备的研发能力，也使中国的极地科考在国际上占据了重要地位。除了政府的支持，大型企业如华为、中船集团等也通过跨领域合作，积极参与极地科考装备的研发，并在技术创新方面发挥了重要作用。华为作为全球领先的科技企业，在通信技术、物联网以及大数据处理等领域具备强大的技术优势。这些技术正逐步应用于极地科考装备的智能化和信息化发展中。通过与极地科考机构的合作，华为的5G通信技术、卫星遥感技术和人工智能算法，正在为极地科考任务提供更加先进的通信与数据处理支持。例如，在华为参与的南极科考项目中，利用物联网技术实现了极地科考设备的实时数据传输与监控，大大提升了科考任务的效率和安全性。

中船集团则通过船舶制造技术与极地科考需求的结合，推动了极地科考船只的技术升级。以"雪龙2号"为例，这艘船不仅具备双向破冰能力，还在船舶设计中融入了绿色环保理念。中船集团还与科研机构合作，致力于研发极地无人船、智能海洋探测设备等新型极地科考装备。这些跨领域的合作不仅推动了极地科考装备的技术创新，也为企业拓展了新的市场领域。这种企业与科研机构之间的跨领域合作，不仅带来了技术上的突破，也促进了极地科考装备研发的市场化发展。这些企业通过与科研单位的合作，积极参与极地科研项目，提升了中国极地科考装备在全球的竞争力。

2. 人才培养与文化氛围：海洋文化激发新一代科研人员投身极地科考装备研发

海洋文化建设对极地科考装备的推动不仅仅体现在资金和技术上，更体现在科研人才的培养与文化氛围的塑造方面。海洋文化的弘扬激发了新一代科研人员对极地科考装备研发的热情，并营造了浓厚的科研氛围，使越来越多的青年人才投身于这一领域。中国的海洋科学研究高校如中国海洋大学、同济大学、上海交通大学等，通过与国内外科研机构的合作，在极地研究方向持续发力，吸引了大量有志于极地科考装备研发的青年人才。这些高校通过开设极地科考相关的研究课程，举办极地科考装备设计大赛、海洋文化创新大赛等活动以及安排科研实习机会等，激发了学生的科研兴趣，培养了极地科考装备设计和研发领域的后备力量。例如，中国海洋大学开设的极地科学研究课程，涵盖了极地气候、极地海洋学、极地地质学等多学科内容。这些课程不仅为学生提供了丰富的理论知识，还通过与极地科研任务的实际结合，锻炼了学生的实践能力。通过这种理论与实践相结合的培养模式，极地科考装备的研发领域涌现出了越来越多的创新人才。

海洋文化氛围的营造不仅吸引了更多青年人才投身极地科考装备的研发，还促使了大量科研人才的回流。近年来，随着国家对极地研究的重视，许多曾经出国深造的学者和科研人员回国，加入极地科考装备的研发工作中。他们带回了国际先进的研究经验和技术理念，为中国的极地科考装备研发注入了新的活力。

为了保障科研人才的长期培养，中国建立了完善的科研人才培养机制。国家在科研人才的培训、科研经费支持、科研成果转化等方面

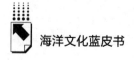

提供了多层次的政策支持。这些政策不仅为科研人员提供了良好的发展环境，还为极地科考装备领域的可持续发展提供了人才保障。

3.海洋文化引导下的技术发展方向

绿色环保理念对极地科考装备的设计逐渐产生了影响。在技术发展方向上，绿色环保理念的深入推广使极地科考装备设计的环保性成为关注焦点。这不仅是科技进步的必然趋势，也是海洋文化中"人与自然和谐共处"理念的具体体现。

随着全球对于气候变化的关注增加，中国在极地科考装备研发中积极采用新能源技术，以减少传统能源对环境的污染。例如，极地科考船的动力系统中越来越多地引入了混合动力系统、太阳能发电设备等清洁能源解决方案。这些绿色技术不仅减少了碳排放，还提升了设备在极地环境中的自给能力，降低了对外部能源补给的依赖。此外，中国在极地科考装备的轻量化设计中也大量采用了可再生材料。通过降低装备的重量，减少了运输过程中能源的消耗，并进一步减少了设备对极地脆弱环境的潜在破坏。这些设计理念不仅符合全球环保趋势，也为极地科考装备的可持续发展提供了新思路。例如，2024年8月中国极地研究中心与太原理工大学在极地清洁能源、极地监测技术等方面的合作进一步加深，签订了新的战略合作框架协议。同时，智能化技术的发展也为极地科考装备的环保性提供了更多可能性。例如，中国正在研发的极地无人探测器，具备高度自动化的功能，可以在极地恶劣的环境中自主完成各种科考任务。这类无人设备的使用，不仅减少了对极地环境的干扰，也提高了科考任务的效率和精度。

近年来，中国的无人机技术在极地科考中取得了显著进展。例如，搭载先进传感器的无人机能够在极地地区进行长时间的飞行，实时监测气候变化、冰川融化等重要环境指标。这些无人机不仅大大减少了人工操作的风险，也降低了科考过程中的资源消耗。另一个重要的技术趋势是极地科考装备的模块化设计。通过模块化设计，极地科考装备可以根据不同的科考任务进行灵活组合，减少了对环境的过度干扰。例如，某些极地科考设备可以在不同任务之间共享关键部件，从而减少设备的整体数量和对环境的影响。模块化设计的另一个优势在于，它能够使设备在科考任务结束后更加便于拆卸和运输，减少对极地生态环境的长期影响。例如，中国的极地科考设备在设计上越来越注重简便、环保的拆卸工艺，以减少对极地原始环境的破坏。模块化设计还允许装备的功能升级，增强了设备的适应性。例如，模块化的科考装备可以通过更换特定的部件，来适应不同的科考需求，如海洋观测、气候监测、生态保护等。通过这种灵活的设计理念，极地科考装备可以更好地满足多样化的科考任务需求，同时降低了对自然环境的影响。

海洋文化的建设在推动极地科考装备发展中发挥着深远的影响。从大型企业的跨领域合作，到科研人才的培养，再到绿色环保技术的发展方向，海洋文化不仅提升了公众的海洋意识，也为极地科考装备的技术创新提供了重要支撑。在未来，随着海洋文化的进一步发展，中国极地科考装备将在更加国际化、环保化的技术框架下，继续为全球极地研究贡献力量。

六　极地科考装备发展与海洋文化建设的协同作用

极地科考装备的发展与海洋文化建设之间的协同作用，体现在技术进步对文化认同的促进，以及文化建设对科研装备发展的推动上，两者在互相影响的过程中共同促进了国家在极地研究和海洋文化领域水平及能力的提升。

1.技术进步助力文化建设

随着中国在极地科考装备上的持续投入与创新，如"雪龙号"

破冰船、"雪龙 2 号"双向破冰船，以及先进的水下潜器和海冰探测设备的开发，极地科考变得更加系统化和高效化。这些装备不仅提升了中国在极地科考中的科研能力，也成为公众关注的焦点，极大促进了海洋文化的传播。与此同时，在科普活动与海洋文化教育方面，海洋极地科考装备的发展为极地科考提供了丰富的研究素材，这些科研成果通过媒体报道、科普展览、纪录片和书籍等形式传播到大众中，增强了公众对极地环境的认识和对海洋文化的理解。这种通过科技力量推动的文化教育，在海洋文化建设中发挥了重要作用。

极地科考活动中，科研人员在极端环境下的工作和生活方式逐渐发展为一种独特的极地文化，这种文化强调勇敢、合作和对自然的敬畏。这种文化不仅提升了科考队员的职业精神，也通过媒体的传播和科考活动的展示，成为国家海洋文化的重要组成部分，并在公众中形成了广泛的认同感。中国极地装备的发展不仅仅是技术进步的体现，也代表了中国在国际极地研究中的重要地位。这种自信心的建立在文化层面上反映为国家对极地科考的重视以及对海洋文化的认同。随着中国在极地研究领域的话语权逐步增加，这种文化认同也随之加强。

2. 文化建设反哺技术发展

在我国极地科考事业发展的 40 年里，社会各界对极地研究的支持力度也与日俱增。随着中国海洋文化建设的深入推进，公众对海洋环境和极地科考的关注度逐渐提升，形成了全社会支持极地研究的氛围。这种文化上的重视和支持为极地科考装备的研发提供了坚实的社会基础，推动了相关技术的持续进步。同时，海洋文化建设引导了国家对极地研究的战略投入，极地海洋科考装备的发展得到了政策支持和资源投入的保障。在国家海洋强国战略的推动下，极地科考装备的发展被纳入国家重点支持方向，这种资源与政策的倾斜直接促进了装备的创新与升级。

3. 文化对技术需求的引导

海洋文化建设中的环保意识和全球责任感也对极地科考装备提出了新的要求。为了更好地保护极地环境，减少科研活动对自然的影响，极地科考装备的研发必须考虑生态友好性和可持续性。这种文化上的需求反过来推动了技术的创新，促使极地科考装备在发展过程中更加注重环境保护。同时，极地海洋文化建设也促进了国际合作的需求，中国与其他国家在极地科考中的合作促使极地科考装备研发需要达到国际标准，推动了极地科考装备技术的国际化与标准化，这也进一步提升了中国在全球极地研究中的影响力。

极地科考装备的发展与海洋文化建设之间存在显著的协同作用。技术进步推动了海洋文化的传播与教育，提升了社会对极地科考的认同感和支持力度；反过来，海洋文化建设也推动了极地科考装备的需求，引导了极地科考装备的创新方向。通过这种互相影响和共同推动，极地科考装备的发展与海洋文化建设共同促进了中国在极地研究和海洋事务中的持续进步。

七 从"参与者"到"引领者"的角色转变：
两者融合对国家战略的长远意义

中国在极地科考与海洋文化领域从"参与者"到"引领者"的角色转变，是国家整体战略发展的一部分，反映了中国在全球海洋事务中的崛起与海洋文化建设的深入。这种角色转变的背后是极地科考与海洋文化的融合，对国家战略的长远意义。

1. 提升国际影响力与话语权

中国早期在极地科考领域主要是参与国际合作，学习和借鉴其他国家的经验。随着极地科考装备和技术的不断进步，中国逐步提升了在极地研究中的自主科研能力，开始承担更多的科研任务，尤其是在南极和北极的探测与研究中展现了领导力。这种转变使中国从国际极地研究的参与者，逐步成为引领者之一，掌握了更多的国际话语权。中国极地科考的成果不仅在国内有重要意义，还通过国际合作与交流，为全球气候变化研究、海洋生态保护等领域贡献了中国智慧。这种科学研究与文化输出的结合，使中国在国际海洋事务中拥有更大的影响力，为国家的长远战略奠定了基础。通过极地科考活动，中国的海洋文化在国际上得到了更广泛的传播。例如，极地科考队员的文化认同、海洋环保理念等成为国际合作中展示中国软实力的重要组成部分。海洋文化的传播不仅促进了国际社会对中国的理解与合作，也提升了中国在国际舞台上的文化影响力。同时，中国通过积极参与极地科考，展示了负责任大国的形象，尤其是在应对全球环境问题、海洋保护与资源开发方面的贡献，得到了国际社会的认同。这种文化认同在提升国家软实力的同时，也为中国在未来国际海洋事务中的领导角色奠定了基础。

2. 科技与文化融合推动国家战略升级

极地科考装备的发展和技术创新，帮助中国在极地资源勘探、海洋生态保护等领域取得了先发优势。这种技术引领不仅使中国在全球极地研究中占据主动，还为国家获取极地战略资源打下了坚实基础。通过技术创新，中国能够更好地保护极地生态、利用极地资源，为国家经济发展和能源安全提供保障。极地科考不仅是科学探索的象征，也是国家海洋文化建设的重要载体。通过将科学研究与文化建设相结合，中国实现了技术与文化的双重突破。这种融合不仅增强了国家的综合实力，还推动了国家战略的升级，使科技创新与文化传播相辅相成，共同服务于国家长远发展。中国的海洋强国战略不仅限于近海和沿海，还包括极地海域。通过极地科考，中国可以更好地参与全球海洋治理，影响国际海洋规则的制定。极地研究作为海洋强国战略的重要组成部分，体现了国家对全球海洋事务的全面布局。极地科考在气候变化、资源开发、生态保护等方面的研究成果，对国家的长远发展具有重要意义。特别是在北极航道的开辟、极地矿产资源的开发等方面，极地科考的科技成果将为中国提供新的发展机遇，有助于优化国家的经济和安全战略布局。

3.增强国家海洋文化认同感与凝聚力

通过极地科考，中国的海洋文化得到了广泛传播，极地科研人员的精神面貌和工作成果在国内成为海洋文化的重要象征。这种文化传播增强了国民对海洋的关注与认同感，有助于推动国家统一和民族凝聚力的提升。极地科考队员在艰苦环境中的奉献精神和团队合作精神，成为海洋文化建设中的重要榜样。这种精神的弘扬不仅增强了国民的文化自信，也有助于在全社会范围内形成尊重海洋、保护海洋的文化氛围，从而形成特有的"极地科考精神"。与此同时，极地科考与海洋文化建设相结合的方式，使得海洋文化教育更加生动和深入。通过极地科考的实践和成果展示，公众对于海洋文化的理解更加全面，这有助于增强全社会对国家海洋战略的支持。极地科考的成功不仅在科技层面彰显了中国的实力，也在文化层面增强了国民的自信心。通过在极地研究中的国际化参与，中国进一步确立了自身的全球责任感，树立国家在海洋文化建设和国际合作中的积极形象。

中国在极地科考和海洋文化建设领域从"参与者"到"引领者"的角色转变，具有深远的国家战略意义。极地科考装备的技术进步与海洋文化建设的融合，推动了中国在国际海洋事务中的领导地位的形成，增强了国家的科技实力与文化软实力。这种转变不仅提升了中国的国际影响力，还为国家的长远发展战略提供了支持，同时增强了国民的文化认同感与自信心。通过这种科技与文化的协同发展，中国在全球海洋事务中正朝着海洋强国的目标迈进。

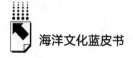

参考文献

陈大可主编《新时代中国极地自然科学研究进展》，海洋出版社，2024。

国家海洋局极地考察办公室编《中国·极地考察三十年》，海洋出版社，2015。

国家海洋信息中心编《新时代中国极地人文社会科学研究进展》，海洋出版社，2024。

韩龙、曲宁宁、曹大秋、虞民毅编著《中国科考船研发史》，上海交通大学出版社，2023。

曲宁宁、韩龙、吴刚编著《海洋科考船》，上海科技出版社，2019。

周朦、罗玮主编《南极罗斯海生态系统》，科学出版社，2024。

海洋文明与海洋生态和谐发展的新趋势

——以和美海岛创建示范工作为例

陈 勇　林佩茹　唐 菲*

摘　要：　党的二十大报告进一步提出，发展海洋经济，保护海洋生态环境，加快建设海洋强国。海岛作为拓展蓝色空间的"中继站"，是我国建设生态文明和海洋强国的战略支点。

和美海岛创建示范工作旨在积极探索海岛地区绿色发展，加强海岛生态保护，提高资源利用效率，改善生产生活环境，建设促进人与自然和谐共生的可复制、可推广的模式机制和示范标杆，引领示范海岛地区建设发展，鼓励加强生态环境保护，加大涉及民生的基础设施建设力度，改善生产生活环境，促进海岛地区经济发展及海岛旅游业、渔业等特色产业发展，努力形成岛绿、滩净、水清、物丰、人悦的人岛和谐的"和美"新格局。和美海岛创建的本质是对"人-岛"关系的再调适，其目的是维护海岛生态系统的完整性和弹性，保障生态系统健康，提高海岛保护利用综合效率和效益，让人们既能享受海岛优美的自然风光，也能享有良好的生产生活环境，推动实现人岛和谐，促进海岛地区可持续发展。

2022年5月，经全国评比达标表彰工作协调小组同意，自然资源部办公厅印发了《关于开展和美海岛创建示范工作的通知》，在全国正式部署开展和美海岛创建示范工作。经过一年的创建、申报和评选，

---

*　陈勇，自然资源部海岛研究中心工程师，主要研究领域为海岛管理政策、海岛经济与可持续发展、海岛保护修复等；林佩茹，自然资源部海岛研究中心研究助理，主要研究领域为海洋与海岸带政策与法律、海洋环境与经济、国际交流与合作等；唐菲，自然资源部海岛研究中心政策规划与国际合作处副处长，副研究员，主要研究领域为海岛管理、海岛规划、国际交流与合作等。

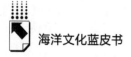
2023 年 6 月 8 日，自然资源部公布了全国首批 33 个"和美海岛"名单。此次获评的海岛具备了生态美、生活美、生产美的基本条件，高度重视生态保护修复，海岛人居环境得到持续改善，绿色发展成果丰硕。

关键词： 和美海岛创建示范　海岛保护　海洋强国　生态文明

一　和美海岛创建示范工作的背景

党的十八大报告首次提出"建设海洋强国"，十九大、二十大报告进一步提出，发展海洋经济，保护海洋生态环境，加快建设海洋强国。海岛是众多海陆生物栖息繁衍的家园，是自然景观和历史人文遗迹的重要载体，是拓展蓝色空间的"中继站"，是我国建设生态文明和海洋强国的战略支点。为促进海岛地区绿色低碳发展，2016 年 12 月，国家海洋局发布的《全国海岛保护工作"十三五"规划》明确了"合理利用海岛自然资源"的主要任务，提出在海岛地区开展生态文明示范区建设示范，创建和美海岛。

2017 年，为了响应美丽中国建设的号召，推进海岛地区生态文明建设和社会经济持续健康发展，《中共中央办公厅、国务院办公厅印发〈关于海域、无居民海岛有偿使用的意见〉的通知》明确提出"开展生态美、生活美、生产美的'和美海岛'建设"。

2021 年 6 月，全国评比达标表彰工作协调小组办公室印发《关于公布第三批全国创建示范活动保留项目目录的通告》（国评组办函〔2021〕1 号），自然资源部"和美海岛"成为第三批全国创建示范活动项目。

2022 年 5 月，自然资源部办公厅印发了《关于开展和美海岛创建示范工作的通知》（自然资办函〔2022〕856 号）在全国正式部署开展和美海岛创建示范工作。

二 和美海岛创建示范工作内容

和美海岛创建示范工作主要包括申报、评审、公示公布、监督管理四大环节。为推动和美海岛创建示范工作取得实效，确保评审结果的准确、客观、公正，自然资源部组织研究制定了《和美海岛评价指标》及《和美海岛创建示范管理办法》。

（一）构建和美海岛评价指标体系

和美海岛指标体系围绕生态美、生活美和生产美的和美海岛定义，设计了生态保护修复、资源节约集约、人居环境改善、绿色低碳发展、特色经济发展、文化建设、制度建设共 7 个方面 36 项指标，覆盖了海岛保护、利用和管理的方方面面。

1. 指标内容

为确保和美海岛创建示范工作考评的科学合理、客观公正、公开公平，规范统一评选标准，自然资源部海岛研究中心（以下简称"海岛中心"）联合国家海洋信息中心（以下简称"海洋信息中心"）在大量调查研究的基础上，经征求意见和反复验证形成了《和美海岛评价指标》（以下简称《指标》），作为和美海岛创建示范工作成效评价的"标尺"和海岛高质量发展的"方向灯"。《指标》紧紧围绕"生态美、生活美、生产美"的和美海岛内涵，综合考虑海岛地区的实际情况以及数据资料的可获得性，按总体层、系统层、指标层 3 个层级构架建立。

总体层为评估和美海岛创建实施的总体效果。系统层为和美海岛评价的一级综合指标，设置了生态保护修复、资源节约集约、人居环境改善、绿色低碳发展、特色经济发展、文化建设、制度建设共 7 个一级指标。指标层是系统层的支撑指标，共 36 项，指标层的所有指标都由具体的量化指标构成，如图 1 所示。

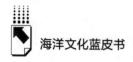

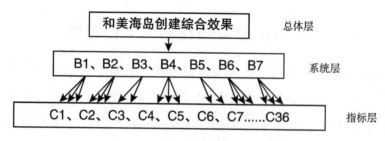

图1 和美海岛指标体系构建

2. 指标特点

一是坚持生态优先。党的二十大报告指出，中国式现代化是人与自然和谐共生的现代化，要推进美丽中国建设，坚持山水林田湖草沙一体化保护和系统治理。海岛兼具海洋和陆地生态环境特征，是山水林田湖草沙系统化治理的天然试验场，同时海岛生态系统十分脆弱。统计资料显示，濒危或易危维管植物中海岛分布种类占40%；世界上90%的爬行类、两栖类及50%的哺乳类灭绝皆发生于海岛地区。因此，和美海岛创建必须坚持生态优先，并设置了植被覆盖率、自然岸线保有率、野生动植物保护效果等7项生态保护修复相关指标，共计21分，为海岛的"生态美"保驾护航。

二是坚持以人民为中心。党的二十大指出，要坚持以人民为中心的发展思想。碧海蓝天、干净整洁的岛容岛貌、安全的饮用水、可靠的电力通信、便捷的交通、完备的防灾减灾设施是"生活美"的必要条件。2017年海岛统计调查公报显示，我国大陆300多个村级及以下海岛污染物还没有得到有效处置，还有近10%的有居民海岛没有电力供应，大部分海岛防灾减灾能力明显不足。针对现存问题，指标体系设置坚持以人民为中心的发展思想，围绕人民生活最关切的方面，在海岛空气、水、电、交通、防灾减灾等方面进行考核和创建引导，设置了9项指标，共计26分，着力引导海岛地区人居环境改善。

三是坚持绿色发展。党的二十大报告指出，推动绿色发展，促进人与自然和谐共生。海岛面积相对狭小、资源有限，实施全面节约战略、绿色低碳发展至关重要。因此在指标设置中，重点设置了资源节约集约利用、绿色低碳发展、特色经济发展等 12 项指标，共计 31 分，引导海岛地区坚决贯彻"绿水青山就是金山银山"的理念，推动生态产品价值实现，打造"生产美"的绿色新样板。

表 1　和美海岛评价指标

序号	一级指标	二级指标	指标释义	数据来源
1		植被覆盖率	植被覆盖面积占海岛面积的比例。反映植被保护现况。	林草部门
2		自然岸线保有率	海岛自然岸线(含整治修复、自然恢复后具有自然海岸形态特征和生态功能的海岸线)占海岛岸线总长度的比例。反映自然岸线保护情况。	全国海岸线修测成果数据
3		岸线退让距离	岛陆永久建筑物与海岛岸线之间的距离。反映对海岛岸线资源保护的重视程度。	遥感影像
4	生态保护修复(7个指标，21分)	野生动植物保护效果	通过开展本底调查，保护海岛上的野生动植物;海岛上已查明的应保护的国家一、二级保护动植物物种数保护比例。反映重点保护物种受保护程度和野生动植物保护效果。	林草、农业农村等部门
5		生态保护红线划定及保护措施	海岛上纳入生态保护红线(含自然保护地)面积占海岛面积的比例或保护措施。反映海岛生态安全保障情况。	自然资源部门、现场查看
6		开展生态保护修复情况	海岛岛体、植被、岸线、沙滩、周边海域及典型生态系统等生态保护修复情况。反映海岛生态保护修复效果。	自然资源、生态环境等部门、现场查看
7		开展监视监测情况	对海岛岸线、水质、土壤、植被覆盖及开发利用活动等开展监视监测情况。反映对海岛资源的监测力度。	监视监测报告及相关的巡查、管理报告等

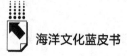

续表

序号	一级指标	二级指标	指标释义	数据来源
8	资源节约集约利用（4个指标，9分）	岛陆开发程度	岛陆建筑物、构筑物及硬化道路等开发利用活动的面积占海岛面积的比例。反映海岛开发利用程度。	近一年遥感影像或国土调查数据
9		海岛利用效率	海岛经济产出与岛陆开发面积比值的增长情况。反映海岛开发利用经济效益和效率提升情况。	统计、发展改革等部门
10		资源产出增加率	消耗单位能源所形成税收增长情况，各种能源折标准煤参考系数按照《综合能耗计算通则》（GB/T 2589—2008）执行。反映能源消费与经济发展间的关系，体现地区资源利用效率提高情况。	统计、发展改革等部门
11		资源节约利用	海岛海水淡化、中水回用等资源节约利用工作开展情况。反映资源节约循环利用情况。	发展改革、水利、住房城乡建设等部门
12	人居环境改善（9个指标，26分）	空气质量优良天数比例	空气质量达到或优于《环境空气质量标准》（GB 3095—2012）和《环境空气质量指数（AQI）技术规定（试行）》（HJ 633—2012）二级标准的天数占全年有效监测天数的比例。反映海岛空气质量水平。	生态环境部门
13		地表水水质达标率	地表水水质达到或优于《地表水环境质量标准》（GB 3838—2002）中Ⅲ类标准的比例。反映地表水水质情况。	生态环境部门
14		饮用水安全覆盖率	获得水质符合国家《生活饮用水卫生标准》（GB 5749—2006）规定的饮用水人数占人口总数的比例。反映居民饮用水安全水平。	水利部门
15		污水处理率	经过污水处理厂或其他处理设施处理达标的水量（GB 18918 一级 A 标准）占污水排放总量的比例。反映海岛污水处理情况。	住房城乡建设部门
16		周边海域水质优良率	海岛周边2千米范围内的海域水质达到《海水水质标准》（GB 3097—1997）各类等级的情况。反映海岛周边海水质量。	各级海洋环境公报

序号	一级指标	二级指标	指标释义	数据来源
17		生活垃圾分类处理率	依据《生活垃圾分类标志》（GB/T 19095—2019）、《国家生活垃圾填埋污染控制标准》（GB 16889—2008）、《生活垃圾焚烧污染控制标准》（GB 18485—2014）等标准，实施垃圾分类且无害化处理的垃圾数量占垃圾产生总量的比例。反映海岛垃圾无害化处理情况。	住房城乡建设、统计、生态环境等部门
18		电力通信保障	海岛供电和通信保障能力，包括无限时供电、通信信号覆盖的总体情况。反映海岛供电、通信基础设施的完备程度。	工业和信息化部门
19		交通保障	海岛内部及对外交通条件，内部交通主要是内部居民交通通达性；外部交通主要是进出海岛的便利程度。反映海岛交通保障水平。	现场查看
20		防灾减灾能力建设	海岛在防灾减灾基础能力建设、应急措施制度建设和宣传教育活动等方面的情况。反映海岛防灾减灾能力。	自然资源、生态环境、应急等部门
21	低碳绿色发展（4个指标，10分）	新建绿色建筑比例	符合《绿色建筑评价标准》（GB/T 50378—2019）并获得有关部门认证的新建绿色建筑面积占新建建筑总面积的比例。反映绿色建筑推广普及情况。	住房城乡建设部门
22		新能源公共交通比例	新能源公共交通工具占全部公共交通工具的比例。新能源公共交通包括纯电动、插电式混合动力、燃料电池动力等公共交通工具。反映绿色交通推广情况。	交通运输、统计等部门
23		清洁能源普及率	太阳能、风能、生物能、天然气、清洁油、海洋能等清洁能源的消耗量占能耗总量的比例。反映清洁能源在海岛的应用情况。	统计、工业和信息化等部门
24		蓝碳探索与实践情况	开展红树林、盐沼、海草床等蓝碳生态系统碳储量调查、碳汇监测及固碳增汇工作情况。反映海岛地区对碳达峰、碳中和的探索和实践。	自然资源部门

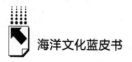

序号	一级指标	二级指标	指标释义	数据来源
25	特色经济发展（4个指标，12分）	人均可支配收入	人均可用于自由支配的收入。反映海岛收入水平。	统计部门
26		生态旅游	采取生态友好方式，开展生态体验、生态教育、生态认知并获得身心愉悦的旅游活动。反映旅游发展中践行生态文明理念的情况。	文化和旅游部门
27		农渔业等特色产业	发展生态农渔业等特色产业的情况。反映地方生态农渔业发展水平。	农业农村部门
28		海岛特色发展模式探索与创新	结合海岛自然资源、生态环境禀赋开展发展模式探索与创新的情况。反映海岛创新发展状况。	发展改革部门
29	文化建设（3个指标，9分）	物质文化保护情况	文物散落地、摩崖字画、名人故居、历史纪念建筑、传统历史街区、传统村落等物质文化遗产的保护情况。反映物质文化受保护程度。	文化和旅游部门
30		非物质文化传承和保护情况	传统节日、民间民族表演艺术、传统戏剧和曲艺等县级及以上非物质文化遗产的保护情况。反映非物质文化传承与保护力度。	文化和旅游部门
31		特色文化传承和保护情况	历史沿革、名人事迹、典故传说、祖训家规和乡土风貌等特色文化的保护情况。反映海岛其他特色文化的挖掘和保护水平。	文化和旅游部门
32	制度建设（5个指标，13分）	海岛保护与利用管理制度	根据海岛自然资源、生态环境禀赋制定保护和管理制度的情况。包括：海岛保护利用规划建立情况及对岛体、岸线、沙滩、生态环境等要素的保护制度建设情况。反映海岛保护制度的健全程度。	自然资源、生态环境等部门
33		创建活动机制建设情况	通过设立创建示范组织领导机构、制定可操作的实施方案，推进创建示范工作高效运行。反映地方对创建示范活动的重视程度。	当地政府及各有关部门
34		其他品牌建设情况	经国家（省）批准的荣誉称号的获得情况。反映海岛在其他领域的优势和建设成效。	文化旅游、发展改革、农业农村等部门

序号	一级指标	二级指标	指标释义	数据来源
35		社会认知度和公众满意度	公众对和美海岛创建活动的了解情况、满意程度。反映创建示范活动直观效果。	第三方测评机构
36		和美海岛宣传报道	通过广播、电视、网络等多渠道媒体组织对和美海岛创建示范活动的宣传，提升创建示范活动的认知度和影响力，推进创建工作的有序开展。反映对创建示范活动的宣传力度。	当地政府及各有关部门

（二）和美海岛创建示范工作的流程

和美海岛创建示范工作包括申报、评审、公示公布、监督管理四大环节。

1. 申报

以单个海岛或岛群作为创建主体，以有居民海岛为主，兼顾少量已开发利用的无居民海岛。以海岛所在县域及以下行政区域作为申报单元，县级人民政府作为申报主体组织开展本地的申报工作。申报的创建主体应符合"生态美、生活美、生产美"的要求，具备以下基本条件：（1）按照《和美海岛评价指标》测评分 70 分以上；（2）海岛植被覆盖率不低于 30%；（3）海岛自然岸线保有率不低于 35%；（4）空气质量优良天数比例不低于 80%；（5）海岛周边海域水质不低于本地区海洋生态环境保护规划管控要求。近三年内，发生严重破坏生态环境或自然资源领域重大违法违规案件被有关部门立案查处的，不得申报。

2. 评审

自然资源部组织对各省（自治区、直辖市）推荐的申报材料进行初审，申报材料符合初审要求且自评规范准确的，进入入围名单，进入专家审查阶段。自然资源部组织相关专家对进入入围名单的海岛进行现场核查（见图2），对《和美海岛评价指标》中各项指标内容逐一进行现场核验，形成核查意见。组织召开评审会，按照《和美海岛评价指标》进行测评，形成评审意见，确定测评结果优秀的名单。创建示范工作领导小组对评审意见进行审议，确定和美海岛候选名单及排序。

图2　现场核查照片

3. 公示公布

自然资源部对候选名单进行公示，广泛听取社会各界意见，根据公示情况，最终确定和美海岛入选名单，并通过主流媒体和网络新媒体等渠道予以公布。自然资源部对获得和美海岛称号的海岛统一颁发证书和牌匾，对进入入围名单的予以通报表彰。自然资源部对获得和美海岛称号的海岛进行宣传，组织编印和美海岛系列丛书，拍摄专题宣传片，宣传和美海岛创建典型经验。

4. 监督管理

自然资源部组织对获得和美海岛称号的海岛进行定期抽查，对抽查中发现不符合和美海岛创建条件的，限期整改，对未能按期完成整改的，撤销和美海岛称号。对新闻媒体或社会公众反映的和美海岛获评后相关工作出现严重滑坡后退等情况，由自然资源部组织调查核实，限期整改。对未能按期完成整改的，撤销和美海岛称号并公开通报。发生生态环境严重破坏或自然资源领域重大违法违规案件被有关部门立案查处的，撤销和美海岛称号，五年内不得再次申报。

（三）和美海岛的结果公布

2023 年 6 月 8 日，第十五个世界海洋日暨第十六个全国海洋宣传日主场活动在广东汕头举行。当天，自然资源部公布了"和美海岛"名单（图 3），全国 33 个海岛入选（见表 2）。33 个和美海岛包括辽宁省大长山岛和小长山岛（岛群）、大王家岛、獐子岛，山东省南长山岛和北长山岛（岛群）、大黑山岛、砣矶岛，江苏省连岛，上

图 3 和美海岛名单公布及颁奖仪式

海市崇明岛，浙江省南麂岛、花鸟山岛、洞头岛、玉环岛、枸杞岛、花岙岛、上大陈岛和下大陈岛（岛群）、秀山岛，福建省湄洲岛、鼓浪屿、海坛岛、大嵛山、惠屿、南日岛，广东省东澳岛、海陵岛、南澳岛、上川岛、外伶仃岛、桂山岛、三角岛，广西壮族自治区涠洲岛，海南省东屿岛、分界洲、赵述岛。

表2　首届33个和美海岛名单

省区市	和美海岛
辽宁省	大长山岛和小长山岛、獐子岛、大王家岛
山东省	南长山岛和北长山岛、大黑山岛、砣矶岛
江苏省	连岛
上海市	崇明岛
浙江省	花鸟山岛、枸杞岛、秀山岛、花岙岛、玉环岛、上大陈岛和下大陈岛、洞头岛、南麂岛
福建省	大嵛山、海坛岛、湄洲岛、南日岛、惠屿、鼓浪屿
广东省	南澳岛、上川岛、东澳岛、外伶仃岛、桂山岛、三角岛、海陵岛
广西壮族自治区	涠洲岛
海南省	分界洲、东屿岛、赵述岛

三　和美海岛的高质量发展成效

各海岛地区在和美海岛建设的实践中，初步探索走出了一条生态美、生活美、生产美的可持续发展之路，首批33个和美海岛各具独特的生态、产业和文化特色。

（一）和美海岛的总体特征

1. 高度重视生态保护修复

海岛兼具海洋和陆地生态环境特征，是山水林田湖草沙系统化治理的天然试验场，同时海岛生态系统稳定性差、十分脆弱，海岛生态保护和修复显得尤为重要。总体上看，获评的33个和美海岛均坚持生态优先，着力加强生态保护治理。植被覆盖率大于等于60%的海岛占比约73%，自然岸线保有率大于等于70%的海岛占比约64%（见图4），33个和美海岛均对岛体、植被、沙滩、岸线等海岛生态系统开展了保护修复，85%以上的和美海岛开展了外来物种入侵防控措施，初步形成了一批海岛生态保护修复典范。在生态保护方面，如

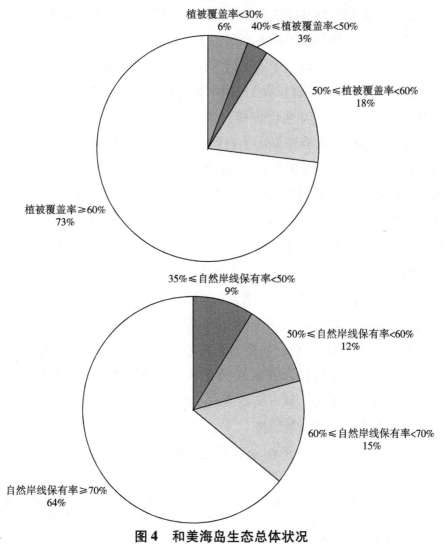

图4　和美海岛生态总体状况

广东的上川岛由于大海阻隔，栖息在这里的猕猴是广东省猴类种群中血缘最纯、生物价值最高的。为保护野生猕猴的栖息地，1992年起在岛上设立了省级猕猴保护区，定期对猕猴种群结构、分布状况、数量、活动特性、主要生活区域，以及其他动植物的情况开展监测和调查，经过20多年的接续奋斗，岛上的猕猴数量从不到500只增加到现在的25个种群约2200只。再如浙江南麂岛的"生态美"就得益于其拥有丰富的自然资源和生物多样性，作为我国近海贝藻类的一个重要基因库，这个岛的贝藻类物种数量约占全国的20%、浙江省的80%，有着"贝藻王国"的美誉，同时这个岛也因为生态保护效果良好，拥有"国际重要湿地""世界生物保护圈""国家级自然保护区"等含金量较高的荣誉称号。涸洲岛海洋生物多样性丰富，是我国为数不多的红树林、海草床和珊瑚礁三大典型海洋生物群落共存区域。广西出台实施《北海市涸洲岛生态环境保护条例》，有力推进涸洲岛生态环境保护长效治理。广西海洋部门开展总投资1.226亿元的海岛生态修复项目，修复涸洲岛及周边海域总面积132公顷、海岸线长度6100米、防风林面积102公顷、珊瑚礁30公顷，获评"中国最美十大海岛""国内十佳旅游目的地"。此外，这些海岛也重视生态问题诊断并积极推进修复工作，如福建平潭岛，习近平总书记在平潭岛考察时强调："优良的生态环境是平潭的'真宝贝'，不能毁了'真宝贝'，引来一些损害环境的'假宝贝'。"[①] 近几年来，平潭岛积极落实总书记的讲话精神，实施生态修复工程，累计投入资金20多亿元，海岛绿化、沙滩生态环境、海域水质等大幅改善，从石头岛变成了生态岛。

2. 海岛人居环境不断改善

和美海岛创建示范工作紧紧围绕人民生活直接相关的供水、供

---

① 《习语品读 不能毁了"真宝贝"，引来一些损害环境的"假宝贝"》，央视网，2024年6月5日，https://news.cctv.com/2024/06/05/ARTIg5AV6usT4B4Jvl7ZS Nip240604.shtml? from_ source = www.cbg.cn。

电、垃圾污水处理、交通等问题，打造一个个美丽宜居的和美海岛。33 个和美海岛中，饮用水安全覆盖率 [指岛域获得水质符合国家《生活饮用水卫生标准》（GB 5749—2006）规定的饮用水人数占人口总数的比例] 超过 90% 的海岛共 30 个，实现日均 1 趟以上陆岛固定轮渡或有桥梁等直达的海岛共 31 个，全部海岛均已实现 24 小时无限时供电和 4G 信号的全覆盖。例如，上海崇明岛不断完善岛上基础设施，持续推进人居环境改善，地表水质达标率达到 100%，饮用水安全覆盖率达到 100%，农村生活污水处理率达到 100%，空气质量优良率达到 92.8%。同时，岛上生活垃圾处理率、新建绿色建筑比例等均达到 100%。再如浙江洞头岛，实施花园公路、花园景区、花园渔港、花园公厕等十大花园细胞工程，形成层次分明、绿树成荫、季相变换的花园景观；重点实施墙面净化、杆线序化、地面黑化、景观文化等工程，扮靓渔村，打造成了"诗意栖居地"。广东东澳岛制定海岛宜生植物指引，规模化种植花卉、乔灌木，建成贯通全岛、景观秀美的绿道网系统，打造离岸海岛山海栈道；高标准推进垃圾分类处理设施和污水处理设施建设，形成独具海岛特色的"镇村一体"处理模式。

3. 绿色发展成效凸显

海岛面积相对狭小、资源有限，实施全面节约战略、绿色低碳发展成为海岛发展的主旋律。33 个和美海岛中，超过 88% 的海岛采用绿色交通工具提供公共交通服务，所有和美海岛都采用清洁能源，其中，49% 的海岛清洁能源消费量占海岛能源消费总量的比例超过 60%。典型的如福建湄洲岛，牢记习近平总书记"保护好湄洲岛"的嘱托，着力做好"绿色文章"。目前，湄洲岛全岛电能在终端能源消费中占比高达 92%，"绿电"运用走在全国海岛前列，《湄洲岛贡献智慧能源创新污染治理》典型案例集亮相第 27 届联合国气候变化大会，向全球发布了湄洲岛绿色低碳发展的成果。此外，部分海岛还致力于"零碳岛"建设，结合周边的红树林、海草床、盐沼等典型蓝碳生态系统，加速在国际零碳岛建设、海洋资源、贝类碳汇、渔业碳汇、零碳旅游、绿色能源、蓝碳交易等方面研究突破。从分析结果来看，39%的和美海岛具有蓝碳生态系统，且面积相比于五年前明显增加。

（二）和美海岛典型案例和经验分析

1.典型案例：南澳岛

汕头市南澳岛是广东省唯一的海岛县——南澳县的所在地，地处闽、粤、台三地交界海域，由南澳岛及周边多个岛屿组成，拥有大小海湾66处，海岛总面积114.7平方千米，海域总面积4600平方千米，设有青澳湾国家级海洋公园、海岛国家森林公园、南澎列岛国家级自然保护区等，自然资源丰富，生态功能重要。

（1）和美海岛建设主要做法

一是守护蓝色家园，展现海岛生态活力。按照"生态兴岛、陆海统筹、系统修复"的思路，南澳县实施了一系列生态保护修复工程，擦亮了美丽海岛的生态底色。先后开展了粤东海岸带、蓝色海湾整治（见图5）、青澳湾美丽海湾等岸线整治项目，清理了长期私自

图5　南澳岛蓝色海湾整治项目

占用海域、沙滩岸线的各类违建活动，实施污水治理、海湾生态环境整治、沿岸垃圾清理、受损沙滩修复、受损海堤加固、生态廊道建设等多项工程。

南澳岛蓝色海湾整治行动项目采取治理、保护和修复多措并举，总投入 3.15 亿元，开展了金澳湾、赤石湾、烟墩湾、竹栖肚湾及龙门湾 5 个海湾的综合整治，系统修复了 6000 多米岸线和 2.6 万平方米岸滩，提升了海岸带和海岛生态环境功能和防灾减灾能力。同时，为南澳带来了显著的生态、社会和经济效益（见图 6）。

建设后提升海岸、海域和海岛生态环境，实现"水清、岸绿、滩净、湾美、岛丽"的建设目标

图 6　南澳岛蓝色海湾整治效果对比

青澳湾美丽海湾生态建设项目以青澳湾为重点，大力推进海洋生态环境治理现代化建设，逐步形成"上下联动、海陆统筹、全岛共治"的湾区治理模式，有效提升了生态环境质量。同时，妥善安排渔民转产转业，基本实现了产业融合、人海和谐，对创建美丽海湾、提升海洋生态环境质量具有借鉴意义。目前正加快推进实施的 2023 年广东汕头海洋生态保护修复项目，开展了前江湾生态减灾修复、深澳湾综合整治修复、青澳湾九溪澳综合整治修复、南澳岛岛体受损点修复等，有效保护海洋资源环境。

二是挖掘蓝色动能，释放海岛旅游潜力。南澳岛坚持旅游主导产业，把生态资源优势转化成产业优势、经济优势，积极推动"旅游+

体育""旅游+乡村""旅游+文化",创新文体旅产业模式,持续打响"月月有节,季季有赛,年年有约"品牌,将红色文化、海丝文化、海洋文化、总兵文化、乡村文化等融入大型文旅体活动当中,成功举办南澳岛越野挑战赛、南澳岛相思花节、南澳沙滩音乐会等一系列活动。开发"一部手机游南澳"小程序,深入挖掘南澳岛海防军事文化资源,引导对不可移动文物和非物质文化遗产进行特色旅游产品开发,盘活"南澳Ⅰ号"陈列馆、渔民公馆、总兵府、抗日纪念馆等海商、海防、红色文化。

加快旅游基础设施建设步伐,完成环岛公路改造提升工程项目,建设青澳湾国家级海洋公园,塑造南澳海岛旅游新形象。全力推进绿美广东生态建设示范点、黄花山公益林示范区建设,以申报创建县级国家森林城市为契机,见缝插"绿",提升城乡居民绿色游憩空间,推进滨海旅游公路南澳支线、笑颜山海共富带等绿色通道建设,共建设 19 千米碧道。发展"森林+"森林旅游新业态,建设大尖山、九尖山、石刻山、百龟寿园等森林景点,持续深度挖掘"森林康养+海岛生态旅游"新模式,打造通山达海、岛陆相连绿美花园海岛。通过充分发挥独特资源优势,做大做强旅游体育产业、做好做足文化旅游产业、做优做实海洋旅游产业、做深做精乡村旅游产业,实现以旅游产业推动县域经济和镇域经济高质量发展。2023 年南澳旅游接待人数 982.29 万人次,旅游综合收入 36.78 亿元。

三是深耕蓝色国土,凸显海岛的经济实力。南澳县全面发展现代化海洋经济,统筹海洋生态保护与资源利用,坚定不移走生态发展之路。推动海洋传统产业转型升级,大力发展海上风电和海洋牧场,先后完成南澳县乌屿人工鱼礁区、平屿人工鱼礁区和汕头市南澳县平屿西国家级海洋牧场示范区建设,并通过实施海域整治,在近岸海域发展海洋牧场。全县近 2 万亩养殖用海均使用环保彩色透明浮球进行吊养,五颜六色的浮球方阵远望如海上"彩虹带",成为南澳县生态旅游的"网红打卡点"。近岸绿色生态养殖区海洋牧场的建设，不仅规范了南澳县海水养殖业秩序，也为南澳海水养殖进一步高效发展创造了条件，推动养殖海域节约集约利用。

依托丰富的风力资源和优越的海况条件，以海上风电建设为抓手，加快推进新能源产业发展，助力打造汕头国际风电创新港。近年来，大唐南澳勒门Ⅰ、华能勒门（二）等海上风电项目先后建成投产，装机容量总计达845兆瓦，年可节约标准煤91万吨，减少二氧化碳排放量223.3万吨，逐步实现海岛能源结构调整，带动海岛经济绿色转型，迎来"呼风唤电"的时代。积极探索"海洋牧场+深水网箱""海上风电+深水网箱"模式，南澳首宗养殖用海海域使用权市场化出让顺利成交，吸引多家养殖企业和海上风电企业建设深水网箱项目，激发海洋发展活力。大唐汕头新能源有限公司正在南澳海域推进"海上风电+海洋牧场"融合示范项目，创新通过立体式开发实现集中集约用海，打造粤东乃至全省"蓝色能源+海上粮仓"模式的典范。

（2）和美海岛建设经验的启示

"尊重自然、顺应自然、保护自然，促进人与自然和谐共生，是中国式现代化的鲜明特点。"南澳县在和美海岛建设中，一以贯之推进海洋生态文明建设，统筹海洋生态保护与资源利用，系统实施生态保护修复工程，擦亮美丽海岛的生态底色，并通过"生态+旅游"的形式，把生态资源优势转化成产业优势、经济优势，全面发展现代海洋产业，带来了显著的生态、社会和经济效益。

2. 典型案例：大长山岛和小长山岛

大长山岛和小长山岛是辽宁省大连市长海县的所在地，海洋资源极其丰富，经济区位优势明显。全县由195个海岛组成，其中有居民海岛18个，海域面积10324平方千米，长海县主导产业依海展开，海水养殖业是支柱产业。

近年来，长海县围绕海洋资产增值和高效利用开展了积极探索，推动了海岛产业的快速发展，在充分总结提炼以往养殖海域分层立体设权经验做法的基础上，积极探索创新"统一调查监测、统一确权登记、统一清查核算、统一资产处置配置、统一收益管理"，促进海域资源资产高效配置和保值增值，促进了海岛的高质量发展。

（1）和美海岛建设的主要做法

一是摸清底数，分层设权，有效丰富了养殖用海所有权和使用权权能。2022 年 8 月，长海县完成了全民所有海洋资源资产清查统计工作，全县海洋资源面积 76.12 万公顷、海洋资源资产价值共计 24.82 亿元。其中，海域资源面积 76.09 万公顷、资产价值 24.81 亿元。长海县将开放式养殖用海海域海面、海底以及海面和海底同时立体使用 3 种用海方式，拓展确定为水面、水体、海床和底土 4 层立体空间，明确每层空间既可分别配属不同主体使用，也可为一个主体配置多层空间（见图 7、图 8）。目前，长海县海域使用权确权面积800.19 万亩，用于开放式养殖用海 799.91 万亩，占全县管辖海域面积的 51.7%。其中，有 37 万余亩海域已实施了立体分层设权，其余762 万余亩海域正在开展立体分层设权。全县共颁发不动产登记证书6900 多本，用海单位和个人达到 4500 多户（家）。

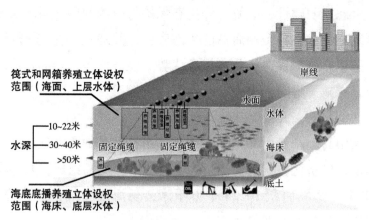

图 7 长海县海域立体确权示意

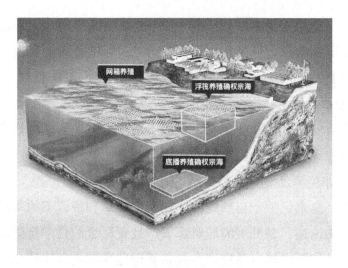

图 8 海域分类配置示意

二是分类配置，公开交易，充分挖掘了海域使用权市场价值，坚持把市场化配置海域资源作为改革重点。2019 年 3 月，长海县印发《长海县海域使用权公开出让工作方案》，明确通过网上公开竞价，采取协议出让或网络竞价方式确定分层使用的受让方，将最终交易结果作为海域使用金征收标准。此举有效规范了海域使用权出让约定，实现了不同用海活动之间的功能互补或用途协调。2019 年至 2022 年，通过实施养殖用海海域资源资产市场化配置，长海县成功公开竞价出让海域使用权 13 批次 150 宗 71.7 万亩，最高出让价格达每年 2556 元/亩，平均拍卖价为每年 102.2 元/亩，年均增幅 128.2%。2022 年全县实现地区生产总值 101 亿元。

三是分层收益，全民共享，大幅增加了县域海域使用金收益。长海县按照海域使用层级分别征收海域使用金，结合实际综合确定每层空间用途及收缴海域使用金标准比例。同时实行"收支两条线"管理，海域使用金全部纳入本级财政预算，从 3 个维度分配海域使用金支出：一是用于长海县海域海岛使用管理、防灾减灾、综合执法等管理支出；二是用于县本级"三保"、偿债等刚性支出；三是按比例返还各镇政府作为财力补充，用于"三保"、乡村振兴等支出。近3年来，长海县海域使用金呈稳定增长态势，全县共征收海域使用金13.526亿元，占全县财政收入的85%以上。2023年，长海县全年预计征收海域使用金约3.9亿元，创历史新高，对地区经济社会发展和海域使用管理起到了至关重要的作用。

（2）和美海岛建设经验启示

习近平总书记关于自然资源产权制度改革和资源节约集约利用的指示与相关论述，是开展海域资源资产处置配置的科学指南和根本遵循。长海县创新海域资源资产全链条管理路径就是落实转化的具体实践，为健全自然资源资产管理体制、完善自然资源资产产权制度、促进自然资源资产集约开发利用提供了基层经验。

四　和美海岛创建示范工作存在的主要问题

虽然首届和美海岛创建示范工作遴选了一批在海岛生态保护修复、人居环境改善、海岛特色产业发展等方面取得一定成效的和美海岛，但对照创建示范工作的要求，和美海岛在建设顶层设计、政策支持、宣传和示范引领作用发挥等方面仍有待提升。

一是和美海岛建设顶层设计仍不完善。首先，国家、省区市和海岛所在市县已编制有和美海岛创建方案，但更多的是集中明确了申报期如何开展申报工作，对获评后和美海岛如何建设、如何有效将和美海岛建设纳入海岛管理和发展的日常还缺顶层设计。其次，首届和美海岛创建示范工作创建期短，对创建成效的考核少，多是基于海岛现状评价的结果，因此，对如何结合具体海岛的资源禀赋、生产生活基础，优化和美海岛建设成效考核和评估，尚需研究。最后，和美海岛建设缺乏政策和资金支持，部分海岛在交通、供水、污水处理等方面的配套设施建设依然滞后，国家和地方缺乏鼓励有居民海岛基础设施建设、产业经济发展等开展和美海岛建设的政策和资金支持。

二是全民参与的和美海岛创建氛围尚未形成。一方面，不同于无居民海岛集中统一管理体制，有居民海岛的管理涵盖了诸多同级部门的管理职责，和美海岛建设尚缺乏协调统一和信息共享机制。另一方面，和美海岛工作宣传动员还不足，未能充分调动广大群众参与和美海岛建设积极性，全民参与的创建氛围尚未形成。

三是和美海岛示范引领作用还不明显。和美海岛建设的目标是通过评选出的和美海岛，以点带面，示范引领全国海岛地区高质量发展，形成岛绿、滩净、水清、物丰的人岛和谐"和美"新格局。其核心目标在于总结典型经验，发挥示范引领作用，但目前如何从首批和美海岛中总结高质量发展典型经验，研究形成可推广、可复制的发展模式，发挥和美海岛示范作用，还亟待探索和开展。

五 对和美海岛创建示范工作的建议

和美海岛创建，关键在于处理好人与自然的关系、保护与发展的关系，要坚持问题导向、目标导向和系统观念，重点在于开展一系列因岛制宜、综合施策的创建行动，形成可复制、可推广的模式，为探索海岛地区可持续发展路径，全面提升海岛保护、利用和管理水平提供经验。

一是做好和美海岛创建工作顶层设计。首先，积极跟踪和美海岛建设工作，按照统筹推进原则，优化和美海岛工作方案，科学制定工作目标、内容和任务，将和美海岛建设工作融入日常政府工作，明确创建后工作重点和实施计划，并定期开展跟踪监测评估，及时发现问题和建设难点。其次，不断优化和美海岛评价指标体系建设，根据海岛发展现状分级分类制定评价标准，科学合理评估建设成效。最后，

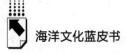

重点围绕支持海岛地区开展生态环境保护与资源节约集约利用方面的热点和难点问题的研究处置试点，支持海岛开展生态环境保护修复、基础设施建设等项目，开展和美海岛配套奖励制度的研究。

二是探索建立全民参与的和美海岛创建机制。进一步优化和美海岛创建申报要求，明确创建工作责任主体，并建立各部门之间沟通联络、协调统一的工作机制。同时，进一步开展和美海岛宣传，加强公众海岛保护利用管理技能培训，调动广大群众参与和美海岛建设积极性，优化对群众满意度、知晓度、参与度的考核，营造全民参与的和美海岛创建氛围，提升和美海岛创建工作的工作获得感。

三是强化和美海岛建设典型经验总结。加强和美海岛建设现状分析，按照生态保护修复、资源节约集约利用、人居环境改善等分类总结全国和美海岛建设典型经验，研究形成可复制、可推广的海岛高质量发展指南。同时，探索建立和美海岛交流对话平台，开展常态化交流活动，进一步加强海岛地区在生态保护、社会治理、经济发展、科技进步等方面的交流合作，推进海岛地区相互学习借鉴和横向合作，共谋海岛地区高质量发展，探索海岛共富共美之路。

B.8
国家海洋博物馆五年发展分析报告

朱辞 张苑*

摘 要： 国家海洋博物馆是由自然资源部与天津市人民政府共建共管的我国唯一的国家级综合性海洋博物馆，是党的十八大以来建成的国家重大海洋文化成果。自2007年动议兴建以来，经过多年艰苦筹建，终于在2019年5月对公众开放，运行五年以来，得到了社会各界和业内各方的广泛关注。五年来，国家海洋博物馆在陈列展览、合作交流、公众服务和文旅融合方面取得了长足发展，同时也面临藏品积累不足、人才队伍薄弱等问题。未来，国家海洋博物馆将立足使命定位，积极融入建设海洋强国战略和服务地方经济社会发展大局，充分发挥场馆功能，探索新时代行业博物馆的特色化发展道路研究，全力打造成为传承海洋文化、普及海洋知识、传播海洋意识、促进社会经济发展的中坚力量。

关键词： 国家海洋博物馆 海洋文化 海洋科普 文旅融合

引 言

国家海洋博物馆（简称"海博馆"）是自然资源部与天津市人

* 朱辞，天津国家海洋博物馆科研科普中心副主任（主持工作），中国科普作家协会海洋科普专业委员会委员，文博馆员，主要研究领域为博物馆学、海洋史、海洋文化遗产等；张苑，天津国家海洋博物馆科研科普中心馆员，主要研究领域为海洋生物学、博物馆学等。

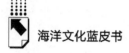

民政府共建共管的集收藏、展示、研究、教育于一体的我国唯一国家级综合性海洋博物馆，坐落于天津市滨海新区中新生态城。场馆建筑面积8万平方米，展览面积2.3万平方米。陈列展览内容围绕"海洋与人类"主题展开，共设16个展厅，其中基本陈列13个，包括讲述中华海洋文明发展历程和宣传海洋强国建设成就的海洋人文类展厅，展示远古海洋生物进化和现代海洋生态的海洋自然类展厅，以及展示海洋科技发展的科技类展厅。

从动议到开放，海博馆的筹建历程可谓"十年磨一剑"，今天又迎来了开放五周年，海博馆的发展伴随着我国发展海洋经济、传承海洋文化、建设海洋强国的整体规划。十余年以来，海博馆主动融入社会发展大局，积极围绕"建设海洋强国"战略规划，服务天津发展，不断开拓业务，在打造涉海类新馆样板、建设海洋科普文化宣传阵地、聚焦博物馆场馆功能、创新运行体制机制等方面带动效应日益明显。凭借独特的建筑外观、新颖的展陈手段、丰富的馆藏精品、多彩的科普活动，海博馆已逐渐成为国家公共文化体系的组成部分、世界海洋文明交流互鉴的集萃之所、展示和传承中华海洋文化的重要场所、连接海内外游客和天津的城市新桥梁。海博馆发展的五年，是加快建设海洋强国、全面推动文旅融合、打造京津冀一体化协同发展等国家方略实施的五年，也是在习近平新时代中国特色社会主义思想指引下持续创新发展的五年，在开放五周年之际，回顾五年发展历程，具有十分重要的现实意义。

一 海博馆发展回顾

海博馆开放仅五年时间，然而从项目动议到选址落位、从项目筹建到开放运行是一个整体过程，回顾项目整体发展历程，是进一步明晰建馆宗旨、找清使命定位的重要参考。

（一）动议批复

2006 年 12 月 5 日，时任国家主席胡锦涛同志在中央经济工作会议上强调"要增强海洋意识"，而兴建一座国家级海洋博物馆就是增强海洋意识的重要举措。在此背景下，2007 年，由中国海洋学会牵头组织，30 名海洋领域两院院士联合向时任国务院总理温家宝同志提交了《关于建立国家海洋博物馆的建议》，院士们在建议书中论据充分、言辞恳切，为国家海洋博物馆建设的必要性、意义、职能、定位完善了顶层设计。2008 年，国家海洋博物馆建设纳入国务院《国家海洋事业发展规划纲要》。

2010 年，国家发展改革委在就天津市发展改革委《关于申请在我市滨海新区建设国家海洋博物馆的请示》和国家海洋局《关于建立国家海洋博物馆共管机制意见的函》的回复中明确了国家海洋博物馆选址天津市滨海新区，并同意由天津市、国家海洋局共同成立国家海洋博物馆管理委员会，负责协调国家海洋博物馆项目的功能定位、建设内容、建设规模、展品征集，以及项目建成后运营管理等重大事项，同时对项目具体实施和建成后的运行管理、经费构成做了明确说明。2012 年 11 月 6 日，国家发展改革委正式批复国家海洋博物馆项目立项。国家海洋博物馆项目批复立项于中国共产党第十八次全国代表大会召开之际，是深入践行"建设海洋强国"战略，提高全民关心海洋、认识海洋、经略海洋意识，讲述海洋自然、人文、科技故事，更好地传承中华海洋文明的国家重大海洋文化成果。

（二）筹建历程

国家海洋博物馆项目正式立项以后，2013 年，天津市人民政府与国家海洋局联合成立国家海洋博物馆管理委员会，代表国家决策、协调国家海洋博物馆建设及运行中的重大事项，管理委员会主任由天津市分管副市长和国家海洋局分管副局长共同担任，国家发展改革委、财政部、教育部、国家文物局、海军等单位司局级领导为管委会成员。同年，组建了以故宫博物院原院长单霁翔为主任，国家海洋局原局长孙志辉、中国科学院院士苏纪兰为副主任的专家委员会，来自中国科学院、中国国家博物馆、北京大学、厦门大学、复旦大学、中国海洋大学、中国文化遗产研究院的十余位院士、专家担任委员，对工程项目建设、展陈体系构建和藏品征集评估等主要筹建工作予以指导。

在国家海洋博物馆管理委员会的决策领导和专家委员会专业指导下，这座由国家审批建设、以国家投资为主、部市共建共管的唯一国家级综合性海洋博物馆，始终以"国内领先、国际一流，体现中华海洋文明特色，与我国海洋大国地位相匹配的综合性海洋博物馆"为建馆目标，各项筹建工作稳步推进，项目规划建设成功落地，展藏品快速积累，展览体系构建逐步完善。

1. 基建项目建设

2012年，天津市建筑设计院与澳大利亚COX事务所联合中标国家海洋博物馆设计工作。2014年，国家发展改革委正式批复国家海洋博物馆项目可行性研究报告，同年，国家海洋博物馆基建项目开工建设。2018年底，海博馆项目主体工程完工。

馆体建筑造型灵动、富有感染力，外形似跃向水面的鱼群、停泊岸边的船坞、张开的手掌、深海的砗磲……发散型的建筑体量是建筑内部线性展示空间的外在体现，是建筑形式与功能的统一。建筑端部向海面延伸，体现了海洋博物馆向海、亲海的建筑性格特征，实现了陆地与海洋的融合。配合五指形的建筑主体，形成了各具功能特色的入口广场、海博公园、滨水观景、滨水展示、绿色停车五大主题空间，相互交融，构成了整体的景观空间；内部设计突出为观众服务的功能，将当代科技与博物馆属性结合，创造了丰富的海洋类展品的展示空间、教育空间、休闲空间和研究空间。其主体结构由 105 榀水平与垂直方向按不同角度设置的门式桁架组成，高度达 25～33 米，跨度 30 米左右，为布展提供了收放自如、富于张力的无柱空间，观展视野开阔，具有极强的震撼力和冲击力。

为了实现非线形双曲面的建筑形态，全过程采用了 BIM 技术，有序控制 5.5 万平方米金属幕墙的设计和安装，形成五个造型灵动的曲面屋顶，金属表皮在不同的时间和气象下，呈现霞光流金、白灿如银的不同色相，宛如海之精灵。海博馆建筑结构体系复杂、难点多，特别是为了配合建筑向海面延伸的要求，四个展厅端部结构悬挑于海面之上，屋顶悬挑最大长度达 55 米。由市政府牵头，天津市建筑设计院等市内一流机构的结构工程师和建筑施工团队攻坚克难、实地研发，攻破"超大空间防火性能化设计""超长悬挑结构""双曲面表皮构造""BIM 导向性设计""夜景照明系统"等多项技术难题，体现了建筑力与美的完美结合。作为三星级绿色建筑，应用了高效的围护结构、建筑一体化外遮阳、室外透水地面、室内空气质量监控、高效节水灌溉、建筑能源管理、可再生能源利用等二十余项技术措施。2013 年世界建筑节（WAF）上，海博馆凭借独特的外观造型和灵动的空间语言，荣获"最佳未来建筑奖""最佳文化建筑奖""最佳竞赛建筑奖"三项大奖，2017 年 5 月获"中国钢结构金奖"。

2. 藏品征集成果

藏品是博物馆的灵魂，决定了博物馆的性质、特色和功能，是博物馆发挥社会价值的关键所在。海博馆作为零藏品起步的新建馆，在展藏品征集、管理和应用等方面面临着诸多考验。

在国家海洋博物馆项目正式获批立项之后，藏品征集工作随即全面开展。作为博物馆核心业务，海博馆的藏品征集工作得到了国家海洋局、国家文物局、天津市人民政府以及社会各界的广泛支持与关注。国家海洋局、国家文物局联合印发《关于支持国家海洋博物馆

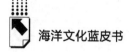

征集藏品的通知》，面向全国海洋系统、文物系统开展藏品征集工作、充实藏品体系，同时积极争取有关部门重视，协调文物标本移交等工作，积极动员接纳社会捐赠。

藏品征集与展览内容策划互相促进，根据已策划的展览体系征集相关藏品，同时根据藏品到位情况不断调整展览内容。截至开馆前，海博馆共征集海洋各领域藏品4万余件（套），实现了从零藏品起步到满足展览需求的跨越。海博馆的藏品类别包括品质较高、种类较全的古海洋生物化石，兼具科普性、研究性的海洋生物标本，见证古代中国海外贸易与文化交流的出水文物，体现宋代至现代海洋军事发展史的海防文物、武器装备、舆图，展示我国海洋科技发展、海洋综合治理能力的深海、大洋和极地科考见证物以及海洋权益类藏品，大航海时代影响下的近代欧美海事文物等，充分结合展览和研究需求，打造综合类海洋博物馆的征藏体系。

3. 展览体系构建

海博馆的展览体系构建从动议之初便受到院士们的重点关注。2013年起，由原国家海洋局宣教中心牵头，组织国内海洋自然、人文、历史、博物馆设计等方面70余位专家组成编写组，通过充分论证、形成概念方案、编制大纲、多轮论证评审等流程，形成了约50万字展览内容规划，为展览体系构建打下了坚实的基础。随着筹建工作的深入和藏品征集的开展，2013年5月、2014年9月、2016年5月和2017年7月，国家海洋博物馆专家委员会对展陈大纲和策展方案进行了多次论证，海博馆展览体系基本形成。

海博馆共设置13个常设展览和3个临时展厅，围绕"海洋与人类"主题展开，以地球、海洋、生命、人类及其相互依存、相互共生关系的系统展示，揭示人海和谐的真谛，引导社会公众了解海洋、热爱海洋、保护海洋。其中，海洋自然类基本陈列"远古海洋""今日海洋"讲述了地球46亿年来生命在海洋中的演化史，人文类基本陈列"中华海洋文明"用三个展厅阐述了中华民族向海而生的发展历程。此外，航海、极地、海洋灾害、海洋天文等专题展厅陈列，展览内容丰富，展陈形式多样，基于观众需求提供更加多元化、富于科技感、互动性强的展览体验。基本陈列荣获中国博物馆协会、中国文物报社主办的"第十七届（2019年度）全国博物馆十大陈列展览精品推介活动"优胜奖。

（三）建成开放

2019年5月1日，海博馆对公众开放。五年来，海博馆累计接待观众超过900万人次，凭借独特的建筑外观、新颖的展陈手段、丰富的馆藏精品、多彩的科普活动，成为媒体争相探访报道的新晋"网红"、京津冀热门旅游打卡地，连续4年入选"中博热搜榜"博物馆百强榜单，在自然类博物馆类别中的关注度常在前十之列。先后获评"全国海洋意识教育基地""全国科普教育基地""全国生态环境科普教育基地""全国首批水上交通安全教育基地""全国航海科普教育基地""天津市爱国主义教育基地"和国家4A级旅游景区等，对天津特别是滨海新区文旅产业发展带动作用明显，发挥出了国家级博物馆应有的经济、文化和社会价值，成为现象级"出圈"案例。

二 运行效果

磨砺始得玉成，笃行方能致远。2024年，海博馆平稳运行已是第五个年头，这座年轻的场馆根植海洋文化土壤，结合独特的地区海洋资源，产出具有中国特色以及天津特点的文化产品和服务，努力构筑国家级公共文化空间，赋能区域经济、彰显城市魅力、培育海洋特质，在陈列展览、合作交流、公众服务、文旅融合等方面取得了一定

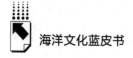

的成绩，为重塑中华海洋文明价值观，鼓励更多年轻人认识海洋、献身海洋事业积累了新的宝贵经验。

（一）陈列展览持续更新

自 2019 年 5 月对公众开放以来，海博馆常设展览持续建设，最终形成了上述展览格局。同时，临时展览不断出新，是海博馆形成持续吸引力的重要举措。五年来，海博馆共举办不同主题的临时展览 25 个，举办及参与外出展览 9 次，形成了多渠道、多模式的临展发展格局。结合场馆定位和经费等因素，海博馆逐渐探索出了不同临展实施模式。

一是多类型开展主题公益展览。作为行业性博物馆，海博馆充分利用文博领域资源和海洋领域资源，引进或策划实施了《无界——海上丝绸之路的故事》《帆海融光——中国销往欧洲纹章瓷器特展》《舰证强军——中国海军名舰展》《巍峨的丰碑——弘扬伟大的长征精神，走好今天的长征路》《深海发现之旅》《海洋！万物生长》《守护神奇海洋》《海图知阨塞，审势施经略——中国海图专题展》等主题临展，此类公益展览无一不是通过合作互助、行业交流的模式落地实施，旨在为公众提供更多公益文化产品，丰富参观体验。

二是多模式开展主题收费特展。随着海博馆运行经费的收缩，展览专项经费已经难以满足高频率、高质量轮换需求，寻求可持续办展道路势在必行。通过合作办展，票务分成的模式是有效借助社会资源提供公共文化产品的有效手段。海博馆已通过此方式联合举办了《探索·星辰大海》《鲸奇物语》《遇见蓝眼泪》等展览。此外，有偿借展、自主运营，也是弥补展览经费不足的有效方式，海博馆与中国文物交流中心共同主办的《大河文明特展》即属此类。以上两种模式是海博馆在运行中为满足不同观众参观体验需求、力促实现展览可持续发展的实践探索，取得了良好的效果，或可为行业博物馆提供借鉴案例。

三是多渠道促进外出展览实施。"走出去"与"引进来"互相促进，海博馆积极拓展展览外出渠道。比如，于联合国"海洋十年"大会举办之际，在西班牙巴塞罗那海事博物馆举办展现中国传统海洋文化和"海洋十年"发展成就的《浮天沧海 万里风樯——中国航海技术文化展》；与武汉中山舰博物馆等单位换展，送出《神奇的东方名片——馆藏清代外销通草水彩画》原创展览；送出展品参加《冰路征程——中国极地考察40周年成就展》《75周年国庆暨澳门回归25周年海上丝绸之路展》等主题展览。以上展览旨在进一步拓展海洋文化宣传渠道，同时促进海博馆在多领域、多场景发声。

（二）合作交流广泛开展

合作和交流是博物馆发展的重要驱动力，海博馆在勤修展览"内功"的同时，齐练与其他博物馆、行业机构和学术界合作共享的"外力"，除合作举办各类展览外，海博馆积极融入行业协会学会，构建多边战略合作关系，在国际舞台上崭露头角，有效提升了博物馆的社会知名度和国际形象，让中国优秀海洋文化行稳致远、通达四海。

一是充分借助行业协会平台作用，开展多领域合作。作为行业博物馆，海博馆立足海洋学发展前沿、结合公共文化服务机构属性、充分发挥自身优势，加入中国大洋矿产资源研究开发协会、中国自然科学博物馆学会、中国博物馆协会、中国航海学会、中国海洋学会、中国科技文化场馆联合体等，并积极履行责任，担任中国自然科学博物馆学会常务理事单位、中国大洋协会深海科普工作委员会主任单位、中国海洋学会青少年工作委员会常务理事单位。与协会、学会成员单位联合开展各类主题活动，"深蓝青年志愿者招募计划""海洋十年进校园""科考船开放日""千馆并进 筑基科素"等联合活动持续

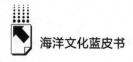

走深。

二是充分发挥场馆功能，积极承办各类学术活动。承办中国自然科学博物馆学会 2021 年年会、2022 年科技周天津主场活动、2023 年"深海发现之旅"主题活动、2023 年天津市文化和自然遗产日主场活动、2024 年中国航海日航海文化论坛、2024 年全国航海科普季启动仪式暨"匠说航海"科普讲座，通过院士课堂、学术沙龙、科普讲座等形式，促进学术交流和公众科普，快速在行业内提升了影响力和知名度。

三是主动融入靠拢，建立多方合作伙伴关系。五年来，海博馆积极拓展业务"朋友圈"，不断深化与科研院所、文博单位、高等院校等学术机构的合作，在学习中促发展，在交流中促合作。海博馆已与中国海洋大学、天津大学、国家海洋技术中心、自然资源部第一海洋研究所、上海中国航海博物馆、国家文物局考古研究中心、南方海洋科学与工程广东省实验室（珠海）等各类学术机构建立了密切的业务联系，联合开展合作共建和课题研究，为新兴的海博馆带来了强大助力。

四是国际合作实践初见成效。与巴塞罗那海事博物馆、北京法国文化中心、大自然保护协会、华特迪士尼（中国）有限公司分别联合举办展览；与韩国国立海洋博物馆、澳门城市大学签订战略合作协议；依托中新天津生态城优质资源，不断加强与新加坡博物馆之间的业务联系及展览交流；积极响应联合国"海洋十年"行动号召，勇担国家级海洋行业馆传承中国海洋文化、提升海洋素养的重任。

2024 年 4 月，海博馆与联合国"海洋十年"海洋与气候中心共同主办的《浮天沧海 万里风樯——中国航海技术文化展》在西班牙巴塞罗那海事博物馆圆满举办。自然资源部党组成员、副部长、国家海洋局局长孙书贤，联合国教科文组织助理总干事、海委会执秘

Vidar Helgeson，中国驻巴塞罗那领事馆代总领事胡爱民，巴塞罗那海事博物馆馆长 Enric Garcia 出席展览开幕仪式并致辞。此次海博馆展览代表中国亮相联合国"海洋十年"全球大会，是大会唯一的博物馆活动。颇具中国传统文化风格的形式设计和丰富的内容深受观众喜爱，巴塞罗那海事博物馆两次申请延期撤展。该展览向世界展示了中国优秀传统文化，宣传了中国参与全球海洋治理的大国担当，提升了我国海洋领域的国际影响力，深入践行了习近平总书记关于"海洋命运共同体"的重要论述和"推动中华文化走出去，提升中华文化影响力"的指示，是海博馆拓展世界舞台、深化国际合作与文化交流的生动实践。

（三）公众服务铸就品质

作为公共文化服务机构，开放伊始，海博馆就以构建优质高效公共文化服务、最大限度提升观众参观体验作为一切工作的出发点和落脚点。海博馆公众服务的重点主要体现在文化产品供给和场馆运行保障两方面。

在文化产品供给方面，除了展览作为博物馆最重要的文化产品之外，系列科普活动也是文化产品的重要组成部分，是让公众亲身参与体验的重要渠道。五年来，海博馆结合场馆资源和公众需求分析，不断探索公众教育品牌化、全龄化、差异化建设，构建了从学校到社会、从乐龄到儿童、从短期到长期的公众教育体系。一是强化硬件，推进展教一体化建设。海博馆建成占地 3000 平方米的科普教育中心，打造标本修复室、化石修复室、科普实验室，形成独立的科普活动空间，并使展厅内容与科普教室相结合，成为全国博物馆科普硬件设施的亮点。二是馆校共建，履行协同育人社会责任。学校是对文化产品需求最旺盛的一类单位，海博馆与北京、天津、山东、浙江等近百所学校开展共建合作，共同开发校本课程，试行馆校双师制度，结合课标和场馆资源体系，为不同年级的学生开发物理海洋学、海洋生物学等涉海学科的科普教育课程。三是打造品牌，打造系列科普活动。海博馆持续推出了"亲子读海""小小化石修复师""夜宿海博""海博讲堂""专家带你看海博""深海发现之旅"等系列科普品牌活动，部分品牌活动获评第二届新时代文博社教优秀案例和天津市"四全"品牌活动。此外，海博馆还持续推出"听海电台""探海微视频""讲解员带你看海博"等系列线上科普内容，形成线上线下合力供给。

在场馆运行保障方面，海博馆始终坚持以人为本，致力于打造便捷化、人性化、安全化的服务体验。一是开展全流程、全方位智慧化博物馆体系建设，提供线上预约、自助导览、移动导航、AR互动等智慧服务，完善指引标识系统和母婴室、医务室等硬件设施，形成了便捷化的参观体验。二是重视服务管理，建立工作人员定期巡馆制度，不断改进和提升安检、咨询等服务重点环节，建立观众反馈系统和电子评价体系，深入了解观众需求，并坚持问题导向，不断修正和改善软硬件参观设施和环境以及服务水平，形成了人性化的服务标准。三是将安全管理摆在首位，平稳有序提供能源系统、安防系统、消防系统、电梯系统、空调系统等硬件设施设备保障，建立完善各类安全管理制度，确保人员安全、文物安全，实现了开馆五年无重大安全管理事故。

此外，海博馆建立了一支由100余名来自不同领域、不同专业，不同年龄段的公益人士组成的志愿者团队，在公益讲解、秩序引导、开放接待、活动策划等方面为公众提供优质的科普和参观服务。这些共同构成了海博馆公众服务框架和保障体系。

（四）文旅融合

海博馆自开放以来，坚持服务社会经济发展大局，在以文促旅、以旅彰文、促进文旅融合发展方面始终走在创新路上。自 2019 年 5 月对外开放以来，海博馆发挥区位优势，以文创试点单位为契机，在馆内为观众提供了影院、餐厅、智慧导览、文创商店等一系列增值服务，并出资成立天津海博文化发展有限公司，负责运营管理上述经营项目，取得了一定的经济效益和社会效益。

2021 年，根据天津市委市政府关于国家海洋博物馆机构转隶及体制机制改革有关要求，海博馆机构由公益一类事业单位调整为公益二类事业单位，同时改革开创了"博物馆+公司"运营发展新模式。由属地中新天津生态城管委会全额出资成立独资公司，根据博物馆授权，在文旅产业配套建设、开发运营、管理提效等方面发挥市场化作用，并不断扩大提升旅游产业影响力，博物馆履行好公益事业单位社会服务职责，支持公司运营。公司以经营收益支持博物馆发展和人员激励，逐步减少财政支出，提高博物馆运行品质，形成良性循环机制，进一步激发和释放发展强劲活力，最终实现博物馆社会和经济综合效益的全面提升。

国家海洋博物馆的体制机制改革，特别是开创的"博物馆+公司"新型运营管理模式，顺应了中宣部、国家发展改革委、教育部、科技部、民政部、财政部、人力资源和社会保障部、文化和旅游部、国家文物局九部门联合印发《关于推进博物馆改革发展的指导意见》，推动博物馆公共服务市场化改革，释放了创新发展活力。

"博物馆+公司"运行管理模式实施以来，馆内业态不断丰富，并且有可持续性地做好针对性提升改造，观众人数和馆内营收持续增长。更重要的是，海博馆观众来源以外地为主，这就为地方旅游经济发展带来了大量优质客源，促进当地餐饮、住宿等服务业发展，真正发挥"引擎"带动作用。

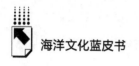
三 未来展望

五年来，海博馆受到业内和公众的关注度越来越高，持续在开放中求发展，积极践行建馆宗旨，在普及海洋知识、传播海洋意识、促进文旅融合发展方面取得长足进步，但也存在诸多不足。比如作为新建馆藏品基础薄弱，藏品总量和精品量都有差距；临展特展更新频率不高，展览原创动力不足；科研成果和科研能力较为薄弱，人才培养缺乏强力带头作用；公众服务产品不够丰富，与观众日益提升的参观体验需求还有差距；内部管理规范化、标准化、专业化能力有待提升；经费保障不够稳定，较为依赖财政资金及场馆运营；对外交流和国际合作项目较少，行业影响力体现不够明显。

2024 年是海博馆建成开放五周年，经过十年筹建、五年运行，海博馆站在了改革发展的重要时间节点上，将进入新的发展周期。海博馆开馆五年来，影响力越来越大，在社会经济发展中发挥了"引擎"和"驱动"作用，下一步海博馆的发展将进一步与社会同频，与大局共振。党的二十大报告强调"加快建设海洋强国"，近年来，天津市委市政府正在组织实施"十项行动"，深入贯彻落实习近平总书记考察天津提出的四个"善作善成"指示要求，《天津市关于发展海洋经济支撑海洋强国建设的若干措施》《天津市海洋经济发展"十四五"规划》《天津市建设国际消费中心城市重点任务清单》等系列文件将海博馆的发展纳入整体发展统筹推动。海博馆将坚持文旅融合发展，打造国际海洋文化旅游消费目的地，打造综合性海洋文化交流创新平台，充分发挥品牌资源和影响力，探索形成"博物馆+公司"管理运营机制、"博物馆+会展"海洋文化交流推广和"博物馆+创新"资源综合开发利用模式。拓展完善场馆功能，打造集收藏、保护、展示教育、科学研究、交流传播、旅游观光等功能于一体的国家级爱国主义教育基地、海洋意识教育基地、科普教育基地、海洋科研平台和海洋文旅融合发展动力引擎。统筹场馆周边土地资源开发利用,高标准打造文旅产业集聚区,筹办高水平海洋文化交流会展活动,持续提升天津海洋文化影响力。密切与涉海科研机构、高等院校交流合作,形成双引擎驱动的海洋教育创新发展格局。

未来,海博馆将以建设海洋强国战略为前进方向和发展的根本遵循,贯彻落实自然资源部、市委市政府对海洋事业的总体部署要求,秉持普及海洋知识、传播海洋文化的理念,在引导公众关心海洋、认识海洋的同时,积极融入海洋文旅产业发展大局。立足新发展阶段的目标定位,抓住改革发展的机遇,全面提升服务能力和水平,全面开放交流与合作,全面提升国内国际影响力,致力于打造"国内领先、国际一流"的国家级综合性海洋博物馆。

四　结语

对于一个博物馆来说,五年仅仅是发展历程中很短暂的时间,然而初创时期的五年却有着十分关键的作用。回首 2007 年,当 30 位海洋领域的院士在建议书上签下自己名字的那一刻起,国家海洋博物馆就肩负起了"见证和展示海洋文明历史,向全社会开展海洋文化宣传和海洋科技普及,增强全民海洋意识"的历史使命,将作为海洋科技进步快速发展过程中,增强海洋文化软实力的重要举措,承担收藏、展示、研究、教育四大基本职能。十余年的艰苦磨砺,在国家各部委、天津市、各界专家的关心支持下,在无数个为海博奉献的单位和个人努力下,国家海洋博物馆终于屹立于渤海之滨。

五年的运行,海博馆顺应了时代发展潮流,在"坚持陆海统筹,加快建设海洋强国"的战略背景下,在京津冀协同发展框架格局下,在博物馆行业发展欣欣向荣的良好势头下,始终坚持了宗旨定位和使命，在海洋文化传播、海洋科学普及、海洋意识促进、文旅融合发展等方面的作用日益明显。虽然在运行过程中遇到了新冠疫情、经济增速下行、人才队伍不足等方面的压力，存在科研成果滞后、藏品基础薄弱等问题，但是海博馆在根本上走出了一条特色化发展道路。依托我国深厚的海洋历史文化、快速发展的海洋科学技术、辽阔丰富的海洋资源，海博馆将成为加快建设海洋强国不可或缺的重要力量，发展前景十分广阔。

B.9
中国传统海洋文化遗产
在东亚海域的迁播

——以保生大帝非遗为例

王静怡　林立捷*

摘　要：　华人文化在东亚海域的多元文明中具有独特价值，为大陆文明的发展提供了重要参照。本文以"保生大帝信俗"这一国家级非物质文化遗产随着东南沿海的华人族群迁播的历史为例，深入挖掘和分析保生大帝信俗在东亚海域的传播及其对海洋文明的贡献；探讨中国传统海洋文化遗产的传播、发展现状与未来的保护策略。保生大帝信俗伴随和见证了华人与中华文化沿海上丝绸之路，跨越地理与文化界限，在台湾地区及东南亚落地生根的历史，不仅彰显了东南沿海先民与海洋的紧密关系，更成为联结海外华人的文化桥梁，承载着华人社区文化认同与社会凝聚力。本报告梳理了保生大帝信俗在东亚海域的发展路径、存续方式，以及与华人生产活动的关系，对比剖析近年来东亚海域不同地区保生大帝信俗的保护实例与漏洞，因地制宜地分析新时代背景下我国跨区域的传统海洋文化遗产的有效传承与保护措施，倡导通过建立区域文化遗产数据库、跨地区修复传统信俗古建筑、组织国际研讨会、共同开展文化节庆等活动，为中国传统海洋文化的可持续发展和创新提供思考框

＊　王静怡，世界保生大帝庙宇联合会特约研究员，慈济祖宫保生大帝两岸文化节项目总负责人，艺术家，中国民俗摄影协会会员。《人民日报》特约民俗摄影师，主要研究领域为东亚跨地区非遗联合保护、闽南俗信、马来西亚华人文明迁播、华人民间艺术比照研究、闽南古建筑复原；林立捷，世界保生大帝庙宇联合会特约研究员，慈济祖宫保生大帝两岸文化节总策划及执行人，槟城九龙堂后裔，主要研究领域为中国俗信源流与仪轨、东南亚华人社会、明朝海洋及宣慰制度、东亚地区非遗联合保护。

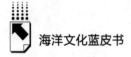

架，促进跨区域海洋文化遗产的联合保护与可持续发展，为海洋文化遗产这一连接不同文化、促进和谐共存与交流互鉴的桥梁添砖加瓦。

关键词： 华人社群与民间信俗　跨区域文化遗产保护　海洋文化
宗教实践　社群归属感

　　自东汉时期起，中国先民便踏上探索海洋的征途，明清两代，东南沿海的华人族群更在亚洲海洋贸易中扮演关键角色。他们开辟的航路，如同流动的丝线，将东海、南海、朝鲜海峡乃至泰国湾、马六甲海峡等海域紧密相连，构筑了海上丝绸之路，见证东西方文化的交汇。面对浩瀚海洋带来的机遇与挑战，东南沿海的航海先民在技术限制与跨文化交往的障碍下，一方面不仅利用天文、气象知识与航海工具，逐步建立了较为完善的航海技术体系；另一方面寻求超自然庇护，佛教、道教以及保生大帝等民间信俗，融入航海生活，成为文化身份的核心。保生大帝信俗源自闽南民间，随海上丝绸之路传播至台湾地区、东南亚，成为文化记忆与多元景观。在台湾地区，保生大帝的庙宇林立，祭祀活动汇聚成千上万信众，成为两岸民众共同记忆；在马来西亚和新加坡，华人社区中的保生大帝庙会成为当地多元文化景观。在各地，每一次保生大帝的诞辰庆典都成为华夏儿女的情感纽带，彰显文化认同的力量。

一　保生大帝信俗——东亚海域的海洋文化遗产迁播的典范

（一）源起及与海洋文化的关联

1.漳泉交界地——九龙江三角洲的天时、地利与人和

九龙江三角洲位于福建省南部，是典型的河口三角洲地区。东临

台湾海峡，西靠九龙江，南近南海，北望闽江流域，气候条件适宜农作物生长且拥有众多优良港湾，在封建王朝时期远离中原政治中心，这给了当地的人民一定的生产生活与文化发展的宽松环境，是海上贸易的理想基地。早期先民与南岛语族群的融合，已经打开了这个地区的航海开关；唐代，随着海上丝绸之路的兴起，该区域凭借其得天独厚的地理位置，逐渐成为国内外贸易的重要节点；宋代，泉州港的繁荣带动了周边地区的发展，九龙江三角洲的农业与手工业得到了长足发展；明代中后期的月港成为中国与东南亚、西亚乃至欧洲之间商品交换的重要通道，丝绸、瓷器、茶叶等中国传统商品由此走向世界，同时，香料、宝石、象牙等异域珍品也经此地输入国内。九龙江三角洲的人民凭借着顽强的生命力和创新精神，保持着与海洋的紧密联系，发展出独具特色的海洋经济与文化。

在九龙江三角洲这样的海洋文化圈，文明体系以民间信俗为核心，宗族是表现形式，根源在于对海洋自然力的敬畏与依赖。与海洋相关的神明为渔民和航海者提供了精神慰藉、航海安全的心理保障与身份象征。宗族体系则在频繁的海洋活动中扮演了组织、协作与保险的压舱石角色，宗族内部的互助机制确保了资源的有效分配和风险的共同承担，增强了社群的凝聚力和稳定性。民间信俗与宗族的结合，强化了社会结构，促进了文化传承，形成了独具特色的海洋文明，彰显了中国人在面对自然挑战时的智慧与韧性。这种文明体系，本质上是人类社会为了适应与海洋共生而发展出的一种生存策略和文化表达。

2. 保生大帝信俗的诞生

吴夲其人，生于北宋时期的漳泉一带，在历史上这里是疟疾、霍乱等瘟疫的高发地带。吴夲以高超的医术和高尚的医德，施医赠药，在宋明道、景祐年间的漳泉大疫时"无视贵贱，悉为视疗，人人皆获所欲去，远近咸以为神"。吴夲去世后，其医术通过"药签"形式，结合中医理论和民间验方流传下来，在一个世纪中，为求医者提供了一套低成本低门槛的自我治疗方案。"医神"形象在此阶段悄然成型。

地理环境、文化风俗、宗族态度、政治因素都会左右对历史人物的评价。当民间"医神"遇到建炎南渡，南宋朝廷民间神祇赐封活动达到高潮，吴夲的形象从"医神"升华为"保生大帝"。不仅是医疗之神，在不同时代，保生大帝因应人民需要而演化出海神、水神等职能，甚至还生出了人生指南、失物找寻、斩妖除魔等神力。百姓通过捐款、抽签、祈祷等方式，寻求保生大帝的庇佑和指引。千百年来，保生大帝信俗不断发展，也建成了不少宫庙，至今香火不断，宫庙通常会将信众捐款的基金留存部分作为宗族的互助基金，用以改善和造福一方民众，典型例子是泉州花桥慈济宫义诊赠药的传统，从宋代绍兴年间延续至今。保生大帝信俗的形成与兴起，不仅是民众对吴夲个人医术和品德的纪念，更是一种集体记忆和精神寄托的体现，还是闽南民众面对自然挑战时的勇气和智慧象征，是闽南地区文化遗产的重要组成部分。

3. 保生大帝信俗的海洋文化性

保生大帝信俗起源于陆地，随着时间的推移，逐渐向江河和海洋扩散，最终成为海洋文化的重要组成部分。据收集的 46 则相关传说（传说故事类别见图 1），保生大帝最初作为陆地的守护者，其特征是超凡的诞生、童年的神秘以及卓越的医术①，这奠定了他成为被尊崇的神明的基础。在漳泉地区遭遇大旱时，人们认为保生大帝不仅能预测灾情并引导运粮船只缓解灾情，还可以击退瘟疫，体现出其在民间生活中的重要地位。在明代，随着航海活动的增加，保生大帝的海洋化形象愈发凸显，传说中与海洋相关的神迹层出不穷，如"秋涛啮庐"传说中展现的退潮神迹，以及"景光照海"传说中展现出保佑海上活动平安的神力。此外，还有"挽米舟入境"和"吴真人斩蛟

---

① 根据笔者对流传至今、有明确故事内容的 46 则保生大帝传说故事的梳理，保生大帝"善行与神迹"与"气象传说"类的传说占了所有传说的一半，贴近普通民众的生活经验和祝祷需求和历史上的生产生活方式。

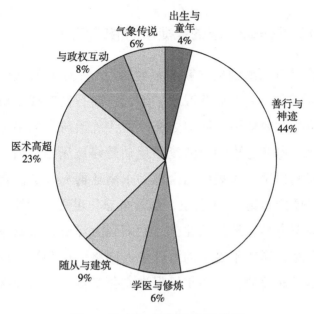

图1 保生大帝传说故事类别

鳌"等传说，表现了保生大帝在海上贸易和渔业生产中的保护作用。在清康熙《台湾府志·风土志·风信》等航海指南中，保生大帝的名字被用来命名气象现象，进一步促进了其信俗的传播。这些传说和记载不仅反映了古代人民对自然现象的观察和理解，也承载了中华民族在恶劣自然环境中的智慧和顽强精神。

保生大帝信俗与海洋文化的冒险性和开放性紧密相连，促使福建居民勇于出海，将这一民间信俗及其附属文化传播到更广阔的地域。跟着福建移民的脚步，保生大帝信俗传入台湾地区及东南亚华人社会，实现了文化的多元发展。在这一过程中，保生大帝作为航海者和渔民的保护神，其相关信俗的文化体系也与当地文化相融合，形成了具有地方特色的民间信俗。保生大帝信俗的传播历程，不仅展现了其在不同地域文化中的适应性和影响力，也反映了华人社群在海外传承和发展传统文化的不懈努力。

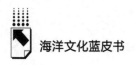

（二）东亚海域人群的迁徙与信俗的流传

正所谓"有大海的地方就有福建人"，福建人的迁徙史是跨越千年的壮阔篇章，表1概要展示了闽人自新石器时代至清代迁徙的主要目的地与主要原因。明清之交，两代统治阶级的主体民族身份发生了变化，愈演愈烈的反清复明运动最终被压制之后，大量的闽人作为明朝的遗民，大规模向台湾和东南亚群岛迁徙。台湾逐渐成为闽人的重要聚居地。20世纪，随着全球化进程的加快，闽人移民的脚步延伸至世界各地，从北美、欧洲到大洋洲，闽籍华人华侨的足迹遍布全球，形成了庞大的海外华人网络。这些海外闽人不仅在经济上取得了显著成就，还积极促进文化交流，成为连接中国与世界的桥梁。

表1　各时期闽人迁徙主要目的地与主要原因

迁徙时期	主要目的地	主要原因
新石器时代	南太平洋群岛	探索、扩张
汉代	江淮地区、广西、越南	强制迁移（汉武帝征服闽越国）
唐代	渤海国、契丹国、朝鲜、日本、东南亚、印度、波斯	海上贸易、战争逃难（黄巢起义后）
五代	渤海国、契丹国	商业活动
宋代	两广地区、海南、浙江	地少人多、经济因素
元代	广东、海南、江西	战乱避难
明代	东南亚（新加坡、印尼、菲律宾、马来西亚、泰国、越南、缅甸等）、台湾、香港、澳门、琉球、日本	经济因素、海禁政策下的非法移民、经济机会、政治避难、战乱避难
清代	台湾、香港、琉球、日本、越南、江西	经济机会、政治避难、战乱避难、经济贸易、自然资源匮乏、经济危机、政府政策推动

保生大帝信俗的传播与闽人的迁徙历史紧密相连，随着闽人的脚步遍及台湾地区、东南亚乃至全球。

保生大帝信俗发源于福建漳泉一带，于南宋时期趋于成熟，并在元代得以延续。白礁慈济宫和青礁慈济宫被奉为保生大帝信俗祖庭。通过塑像建庙的方式，保生大帝信俗从漳泉地区随着福建人群体的迁徙，向世界各地扩散。在台湾地区，保生大帝信俗是仅次于妈祖信俗的第二大民间信俗。保生大帝信俗的传播与福建人的迁徙相辅相成，成为闽人族群认同的重要组成部分。

20 世纪后半叶，尤其是 1978 年中国改革开放以来，台湾地区和东南亚地区的民间信俗活动持续发展，全球范围内，主祀保生大帝的庙宇数量超过 1000 家，形成了纵横交错的互动关系网络。这一时期，保生大帝信俗的传播呈现知识引导性和多元化的特点，不仅有传统的进香活动，还有学术研讨会、文化节庆等多种形式的交流，展现了这一传统文化的活力和影响力。

二　民间信俗的本土化融合与嬗变

（一）保生大帝信俗在闽南的原生组织形式

闽南地区的闽人文化是海洋文明的一种探索方式。闽南地区位于中国东南沿海，自古以来就是连接内陆与海洋的桥梁。闽南文化起源于大陆文明，以农耕经济为基础，但在地理和历史的双重影响下，逐渐发展出了独特的海洋文化特性。从宋代开始，泉州作为东方第一大港，成为海上丝绸之路的重要节点，闽南人充分利用这一优势，积极从事海上贸易，与阿拉伯、波斯、印度等进行频繁的商业往来，展现了大陆文明向海洋文明转变的探索精神。

闽南人擅长航海和经商，他们建造坚固的海船，运用先进的航海

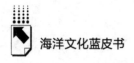

技术，开辟了通往东南亚、南亚乃至非洲的海上航线。这一过程不仅促进了经济的繁荣，还使闽南文化在与异域文化的交流中变得更加开放和包容，体现了海洋文明的开放性和多元性。

1. 境与巡境——以民间信俗窥见华人社群边界

"境"作为中国传统文化中独有的以民间信俗和祭祀活动为核心的非正式社区结构，具有自发形成的界限和鲜明的文化认同。"保生大帝巡境"作为华人"境文化"的重要社会实践，不仅是对神明的敬仰，也是社区团结和身份认同的体现。节日和酬神活动不仅强化了居民的归属感，也是对境域边界进行象征性确认。保生大帝神境的管理和巡境活动由居民自发参与，不依赖外部指令，仅由内部协商指导行为，其组织形式反映了社区自组织的特点。在保生大帝巡境和节日活动中允许外来者甚至不同信仰者参与，模糊了内外群体界限，促进了社区与外界的交流融合，展现了中华传统文化的开放与包容。

2. 保生大帝信俗的社会态度与角色

传统中国的政治底色是"皇权不下县"，在宗族林立且"民间好淫祀"的福建地区，统治阶级会因地制宜，挑选相对温和的民间信俗势力，与其共同治理辖区。信众广、神境远是其选择基础；医神保生大帝、海神妈祖等神格宽仁并与民众生产生活深度绑定的民间信俗，便成为统治阶级的优先选择对象。相比之下，具有斗争反抗精神的民间信俗如关帝、玄帝及开漳圣王信俗则受到统治阶级的消极对待。早在南宋时期，吴夲就被封为"忠显侯"并加封"忠显英惠侯"，到了明代，地方官府默许了"保生大帝"这一逾制封号在民间广为流传，记载在了诸多文献和史料中，并成为正式的神号。可见统治阶级态度对民间信俗的传播和正统性的构建起到了关键作用。

如果说统治阶级的态度是影响信俗发展的官方角度，那么地方乡绅群体则是信俗发展的民间集合，在保生大帝信俗正统性构建中扮演了重要角色。通过编纂文献、教育推广和艺术创作，乡绅对保生大帝的形象进行了具像化塑造和传播，并利用自己的社会地位和文化影响力，将保生大帝的医疗事迹与儒家的"仁医"理念相结合，强调其道德和伦理价值，使之更接近官方推崇的儒家文化体系。乡绅们还通过组织祭祀活动、邀请官员参与，增进了官方与民间信俗的联系，提升了保生大帝信俗的正统地位。

3. 宗族、社群与民间信俗

（1）保生大帝庙宇是汇聚宗族认同与社群凝聚力的场所。保生大帝信俗作为文化纽带，增强了宗族成员的认同感和凝聚力，对维护家族荣誉和传统至关重要。庙宇作为宗族聚集地，通过祭祀活动加强了成员间的联系，促进了不同宗族间的交流与和谐。

（2）保生大帝庙宇是社区治理与服务中心的多功能社区中心集成。保生大帝信俗的社群通过庙宇组织参与地方治理，在宗族概念中，庙宇不仅是宗教活动的中心，也是社区决策和纠纷调解的平台。乡绅和庙宇管理者利用其影响力，协调社区成员之间的关系，维护社会秩序。保生大帝庙宇用香火钱设立社区基金，在社区组织慈善活动、禳灾修缮，在社群成员扶贫助弱等方面发挥了重要作用，体现了民间组织在社会治理中的积极作用。作为社区的资源中心和信息中心，在农业生产、商贸活动中，庙宇也扮演了信息共享、协调资源分配的角色，促进了社群内部的经济发展和成员间的互帮互助。"医神"的角色让社群的医疗资源在此集中，医疗咨询和药签、草药服务是常见的保生大帝庙宇功能。

（3）保生大帝庙宇承载着突破民间信俗边界的多元文化与社会教育功能。保生大帝的庙宇作为境的信俗中心和文化象征，既是居民精神寄托与传统文化传承、社区活动的多维空间，庙宇举办的节庆活动、戏剧表演又为青少年教育、非遗手工艺传承等提供机会与平台；保生大帝庙宇还是育儿园与老年人活动中心，践行"老吾老以及人之老，幼吾幼以及人之幼"的传统认知与生活方式。一些保生大帝

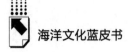

庙宇还设有私塾或学校，教授儒家经典和道德规范，推动了教育的发展和文化传承。

保生大帝庙宇在南洋等多元文化氛围浓厚的异乡，加强了华人社区的文化凝聚力，促进了社会交往，同时也成为华人成员进行道德教育和价值观念传递的重要场所。

（4）保生大帝信俗的发展体现了民间信俗体系下生存矛盾的生发与解决。作为漳泉地区最重要的民间信俗之一，保生大帝祖庭之名的争夺常常伴随有漳泉不同村落或宗族的械斗，其背后隐藏的不仅是地域间的对立，更是对生存资源的争夺和文化认同的冲突。闽人过台湾、下南洋，也把他们之间的"内斗"带入了新的环境，关于其中种种恩怨，也有一些文学作品流传下来，有史实也有戏说夸大，不变的是当权者对平息冲突的无所作为。尽管时有矛盾冲突，但在故土有难之时，华人则纷纷放下矛盾，精诚团结"共御外侮"，犹如家人一般。

（二）台湾地区的保生大帝信俗社会构成与嬗变

闽人在台湾地区的拓垦是大陆文明向海洋文明过渡阶段的一种形态。

台湾岛作为闽南人向海洋拓展的重要一站，见证了大陆文明与海洋文明交融的过程。17世纪初，随着大陆闽南地区人口压力的增大，大量闽南人开始跨越台湾海峡，移居台湾。他们不仅带来了大陆的农耕技术和文化习俗，还利用海洋资源发展渔业和海上贸易，逐渐适应了海岛的生活方式。

在对台湾的拓垦过程中，闽南人既保留了传统的大陆文明特征，如重视宗族和家族结构，实行农耕经济，又吸收了海洋文明的元素，比如发展海洋渔业，与大陆及南洋进行贸易。这种过渡形态的文明，既体现了大陆文明的稳定性，又展现了海洋文明的开放性和流动性。民间信俗的形成是一个受地理环境、历史条件、个人习惯和文化认同共同影响的复杂过程，在我国台湾地区，保生大帝信俗的形成历程亦是如此。

1. 拓荒与垦殖——海峡对岸再建一个农耕社会

在经济上，闽人移民初期以农业为主，同时利用台湾地区的地理优势涉足海上贸易，体现了经济上的融合。社会结构上，继承了宗族和家族体系，而在民间信俗上则融合了海神崇拜，展现了文化的开放性和多元性。在政治与法律上，台湾社会既复刻了大陆文明的中央集权特征，又吸收了海洋文明的商业法规需求，显示了政治的灵活性和法律体系的综合性。

保生大帝信俗传播至台湾地区主要通过三种途径：一是福建移民为求旅途平安主动携带神像或香火至台湾，建立庙宇；二是神像或香火因意外漂流至台湾，被当地居民发现并供奉；三是台湾信众返回大陆祖庙求取香火或神像，以增强其神尊的正统性。

李亦园教授将汉民族来台过程中的民间信俗的形成分为渡海、开拓、定居与发展四个阶段。这些垦殖活动的开展围绕两个原因：一是频繁的海上朝贡与走私贸易的兴起，打通了福建经台湾到琉球的航路，来台移民在台湾西南部沿海建立起海商定居点，并且具备一定的与岛上原住民沟通能力和自保的能力；二是明朝末期严重的人地矛盾与战乱迫使一部分漳泉民众跨海开拓新的家园。

由于是"开拓新家园"，这些移民团体到台湾的目标一般都是复制家乡的农耕文明而不是寻求经商与贸易的渠道。这与福建人"下南洋"的动机形成对比。在移民过程中，护佑出海平安的并非只有传统海神妈祖和玄天上帝等，保生大帝信俗也在漳泉移民中扮演了重要角色，他们是台湾岛有记录的最早和最重要的垦荒者，携带了农耕技术和生活方式；他们更是文化的传承者，带来原乡的民间信俗与文化。面对台湾海峡的复杂水文地质条件和岛上艰苦的环境，保生大帝也逐渐被赋予了海神、土地神和守护神的职能，成为移民们的精神支

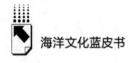

柱和生存动力，为他们的拓荒之旅赋予了文化认同和提供了心理慰藉。

2. 保生大帝信俗与台湾社会

（1）保生大帝信俗向台湾的传播

保生大帝信俗在金门和台湾均有深厚的根基，其地区祖庙和开基故事反映了台湾与金门地区民间信俗的历史脉络和文化传承。早在明朝中期以前，保生大帝信俗就已经传入了金门地区。由于历史上金门地区一直隶属于福建省泉州府的管辖，故在以下内容里，我们不主要探讨金门保生大帝信俗发展的相关事项。

台湾地区的保生大帝信俗十分广泛，尽管有着不同的传说故事，台湾本岛的保生大帝庙宇始建年代不晚于清康熙年间。保生大帝信俗在台湾的传播基于原乡的神像或香火，并与海洋相关的神迹传说紧密相连。屏东枋寮乡的保安宫和里港的慈济宫均源于海上神迹传说，香火供奉因各种原因留在岸边，后传说显现神迹，被当地居民发现并建成庙宇。这些故事体现了信俗与地方的深厚联系，并象征着闽南移民与海洋和土地的紧密关系，展现了台湾地区特有的海洋文化特色。

（2）一个台湾地区的特殊制度

台湾的保生大帝信俗与地方宗族社团的紧密结合，构成了具有显著社会影响力的网络。借由"桩脚"制度，政治人物与具有高度地方声望的乡绅或社区领袖建立联系。而这些政治人物往往与宫庙组织关系密切，甚至就是宫庙的负责人。这一泛宗教组织在政治选举中发挥着动员选民的作用，但也引发了政治与宗教之间的紧张关系。政治人物通过宫庙活动和捐赠来赢得"桩脚"和信众支持，影响更广泛的民众群体。这种互动也可能导致宗教场所的政治化，更容易引起信众的不满和对宫庙角色的反思。引发信众对宫庙纯粹性影响的担忧，并促使台湾社会探讨宫庙如何在保持宗教本质的同时参与社会政治活动。

台湾保生大帝信俗的与台湾政治的深度交织，以及"桩脚"制度对信仰实践和宫庙功能的影响，与大陆民间信俗的作用形成鲜明对比。

（3）台湾地区祖庙与分灵的话语体系

台湾保生大帝信俗的传入经历了从接纳到创新的过程，其中祖庙与分灵的机制扮演了关键角色。一度台湾宫庙对于"大陆青白二礁谁是祖庙"的争夺相当激烈，有强烈的意愿去证明自己是正统的祖庙分灵或台湾开基祖庙。这不仅涉及宗教地位的正统性，还关乎庙宇的影响力、信徒数量以及经济资源的获取。就传统民间信俗传播方式而言，大陆保生大帝慈济宫作为保生大帝信俗祖庭核心，天然拥有历史权威、神物权威与仪式权威，是信俗体系的基石，见证移民历史，承载集体记忆，不仅是宗教活动的场所，更是社区凝聚力和文化认同的象征。对于分灵或分庙，从祖庭以分灵的形式将神明的力量引入本地，在台湾地区植根并呈现本土化趋势，形成具有地方特色的实践。祖庙与台湾分灵的话语体系理应如此推论：祖庙与分灵之间构成一个复杂但有迹可循的网络，祖庙的权威具有垂直支配的部分，也通过分灵、进香、联香等一系列互动仪式，与分灵出的信众与庙宇建立起平等互助、共生共荣的关系，体现等级秩序和信俗体系的内在逻辑。

台湾保生大帝的庙宇与大陆祖庙之间存却并非如此，存在着紧密而又矛盾的复杂关系。一方面，台湾的保生大帝信俗体系源自大陆，这体现了两岸在宗教文化上的同源性。大陆祖庙作为信俗的发源地是祖庭，许多台湾信徒及分灵会前往大陆祖庙进行谒祖进香，寻求精神上的认同和宗教上的正统性。但是，慈济祖宫和湄洲妈祖庙等大陆祖庙简化了传统"请神入圣"等程序，其宗教仪轨的丢失削弱了其"神物权威与仪式权威"。另一方面，"台湾祖庙"概念被创造出来，在传承过程中也发展出了自己独特的话语体系和实践方式。台湾的许多保生大帝庙宇并不热衷于前往大陆祖庙进香，台湾北部最重要的保生大帝分灵——大龙峒保安宫已经超过16年没有踏足大陆祖庙。许多台湾自称祖庙的庙宇认为，在大陆 20 世纪六七十年代，台湾庙宇承担起了本土传承和保护宗教文化的角色，在一定程度上替代了大陆祖庙的正统职能。更有甚者，因为受到台湾地区分裂言论的影响，台湾学界有一部分人正在构建"台湾本地的保生大帝、妈祖等神明，是独立于大陆神祇外，自成体系的台湾本土神祇"的论述体系。这种理论体系的构建，对于大陆学界而言是值得警惕的，需要密切关注和深入研究。

（4）台湾官庙与大陆祖庙的暧昧关系

台湾保生大帝信俗宗族在宗教纯粹与政治敏感间寻求平衡，扮演着宗教与政治参与者的双重角色。他们通过与大陆祖庙的"分灵"联系来增强宗教合法性和宫庙影响力，同时必须注意过于密切的联系可能引起的政治反弹。在台湾的政治环境中，多数的信俗宗族采取的是一种"间于齐楚"的策略，即在不同政治力量之间寻求平衡，即不完全倾向或疏远任何一方，以保持自身的独立性和影响力。保生大帝信俗成为两岸交流的一个重要渠道。台湾信众前往大陆祖庙朝圣，促进了两岸人民的情感联系。

3. 台湾地区保生大帝信俗的传承与嬗变

台湾地区保生大帝信俗经历渡海、建庙、经年损耗、自然灾害、政权影响、不同时期本土文化的融合，在接纳传承和适应创新中，祖庭-分灵的话语体系、神明形象、庙宇建筑形制、仪式仪轨、民俗"阵头"甚至庙宇和民间信俗的用途等均已展现出新的面貌，无论是对大陆传统散失的反思，还是对人为更改变动的考察，都值得当代研究人员深思与借鉴。

（1）保生大帝文化遗产在台湾的演变

①建筑外观与内容：台湾的保生大帝庙宇在维持传统闽南建筑特色的同时，融入了多元文化元素，特别是受东南亚等地移民带来的影响，不同神明相聚于同一屋檐下，形成了具有地域特色的宗教场所。

台南学甲慈济宫经历了从简陋草寮到华丽庙宇的变迁，其建筑设计和装饰工艺，如青石庙身、塌岫浮雕、彩绘庙壁、交趾陶和汕头剪黏工艺，都反映了大陆祖庭文化的底蕴。尽管庙宇整体经过现代化重修，外观显得新颖，但其古迹等级在台湾仍被评为二级。学甲慈济宫的交趾陶塑被收藏于专门的博物馆①，显示了当地民众对传统技艺的保护和教育传承的重视。

②台湾地区保生大帝信俗的仪式流程：台湾保生大帝的祭祀仪轨，在保留大陆传统祭祀程序谒族、迎神等基础上，加入了台湾本地的习俗和仪式。比如，在台北大龙峒保安宫，祭祀仪式中不仅有道士诵经、献祭品等传统环节，还有台湾亚文化特色的绕境巡游，作为保生大帝信俗的祖庭青白二礁祖宫的保生大帝并不巡境。由社区居民参与的艺阵表演，如舞狮、八家将、挺神将等深受广东南狮和福州文化的影响。这些都极大地丰富了祭祀活动的形式和内涵。

③民俗"阵头"的传播与创新：台湾保生大帝庙宇沿袭了大陆的愉神传统，同时将诸如蜈蚣格、布袋戏等民俗"阵头"和表演传播出去。特别是歌仔戏，是保生大帝信俗文化中少数起源于台湾地区的项目之一，其前身是漳州的锦歌和采茶，传入台湾地区后杂糅并蓄形成具有地方特色的表演形式，并在20世纪初传回大陆，成为祖庭固定节目，两岸同根同源，并行发展。

④音乐元素的融合与创新：在音乐方面，台湾保生大帝祭祀仪式中的音乐既承袭了大陆的古典音乐传统，如南音、北管，又融入了本地民谣和现代音乐元素，形成独特的音乐风格。台湾宫庙将南管音乐与当地民歌融合，创造了既古典又具地方特色的音乐氛围，用以提升祭祀仪式的感染力和吸引力。台湾各地的法仔鼓更是在保留了原乡念

---

① 简瑛欣：《祖庙-台湾民间信仰的体系》，博士学位论文，台湾政治大学民族学系，2015，第260页。

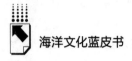

词的基础上，大幅度地加快唱词节奏，与大陆中坛元帅庙和九龙江流域疍民保存的哪吒鼓乐已经有了很大区别。

（2）保生大帝信俗与神像造型的地域性演变

台湾的保生大帝信俗融合了源自大陆的传统故事与传说，其神像造型经历了从传说人物到医神、道士、帝王及神祇的多样化演变，从而反映出社会文化的演进在信俗层面展现的不同深度的烙印。神像的服饰从简朴的医者装扮演变为头戴梁冠、身穿蟒袍，显示了其神明地位的提升和信俗的庄严。道士形象的神像通过鹤氅、道袍和七星冠的装饰来纪念其升仙。不同地区的神像在细节上的差异，展现了地方信徒的习惯、审美偏好和文化特色，这些个性化的神像是由神明启示、信徒期望和匠师技艺共同创作的结果，成为信徒心中神的具象表现。

（三）多元融合下以马华社群为代表的南洋华人与信俗的关系

闽粤人在南洋地区的拼搏是中国深度嵌入世界海洋文明的表现形式。

明清时期，尤其是清朝海禁政策的放松，促使大量闽粤人"下南洋"，即移民至东南亚地区。这一时期，闽粤人凭借着勤劳和智慧，嵌入全球 16 世纪地理大发现事件，推动全球经贸交流，在南洋地区建立了庞大的华人社区，并积极参与当地的经济活动，尤其是在商业、贸易和种植业方面，华人成为当地经济发展的重要推动力量。

1."下南洋"是中国深度嵌入世界海洋文明的表现形式

明清时期，闽人因人地矛盾与政权更迭，受海禁与迁界影响，被迫寻求新生存空间。"过台湾"与"下南洋"成为两条主要出路。台湾侧重农耕与家庭迁移，南洋则多为个体或小群体的商业与劳务活动。以槟城华人移民为例，他们通常在家乡成婚并留下后代，男性为主力，从事体力劳动或投身商业，带有经济目的，积累财富后或返乡，或往返两地。台湾作为闽人新家园，不仅是中转站，还是南下要道。闽南移民在台湾建立农业基础，一些台湾闽人携带本地特产与保生大帝信俗，参与南洋贸易，加强了与南洋的联系。清末至民初，福建会馆遍及沿海地区及东亚邻国，成为福建商人的据点与东亚贸易的关键节点。通过福建商船往来，特色商品、工业制品、手工艺品及农产品得以流通，促进了区域经济繁荣。福建会馆不仅是商务中心，亦是闽人的精神寄托，兼具"家"与"庙"的功能，促进了知识、民间信俗与技艺的传播，保生大帝等神祇随闽人足迹遍撒南洋，构建了情感与文化的桥梁。

这段历史见证了闽人的勇气与智慧，他们在商贸、文化与信俗交流中留下了深远影响，书写了东亚海洋贸易的辉煌篇章。

2. 南洋华人移民与俗信的传承与本土化融合

南洋移民与移居台湾的移民的状况有所不同，台湾移民组织主要是基于血缘家庭构建的宗族组织，而新马地区的华人结社方式在很大程度上反映了华人移民群体面对异域环境时的生存策略与社会整合需求。在新马地区，华人移民的结社活动更多地围绕着方言群、帮会和行业公会展开，每个群体形成了相对封闭的团体，拥有独立的宗教场所、墓地和教育机构。这些组织不仅是经济互助①的平台，同时也是维护华人社群文化认同与权益的堡垒。

保生大帝信俗于18~20世纪，尤其在三州府时期，在东南亚的新马地区广泛传播。其庙宇多由华人社团如同乡会、行业公会设立，兼具宗祠与宗亲会馆功能，成为议事与祭祀的双用途场所。华人方言群体为了确立地方领导权威，往往借助庙宇的宗教影响力来塑造社会领袖的形象，尤其是属于"绅商阶级"的地方精英，通过积极参与庙宇董事会或理事会的建设、修缮、管理及捐赠等事务，逐渐成为社

---

① 王付兵：《马来亚华人的方言群分布和职业结构：1800-1911》，云南美术出版社，2012。

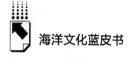

区的主导人物。这也构建了新马地区华人社区宗教权力、社会地位与方言群体势力三者紧密结合的独特社会机制。

南洋地区的华人庙宇运作与台湾有所不同，早期它们的经费多源于定点捐赠或会馆产业，缺乏台湾常见的向祖庙"刈香"和"添油香"的传统。南洋庙宇虽数量众多，但由于分别归属于不同族群，且信奉的神明各异，未能形成统一的宗教网络，类似于新教中各自独立的教会和宗派，各庙宇拥有独立的治理结构和领导人。决策权通常由理事会掌握，理事会成员多为商界精英，可能同时担任多家会馆或公司的理事，庙公则主要负责日常管理和仪式，真正决策通过类似"长老制"的制度做出。

在新马地区，有代表性的保生大帝庙宇大多处于多族群共治会馆的管理之下，采取与妈祖、观音等多神明合祀的方式。这种模式可以说是当地华人信俗的最大公约数，体现了华人社区在宗教实践上的包容性和多元性，成为华人社区的共同信俗基础。马六甲青云亭（1673 年创建）、槟城广福宫（1800 年始建）和日落洞清龙宫（19世纪中叶存在），以及新加坡真人宫（约于 1850 年创建），不仅供奉观音菩萨、龙王等，也接纳保生大帝，体现了宗教多样性与文化融合，是华人移民在异国他乡寻求精神慰藉和文化认同的重要场所。

3. 宗族、民间信俗与地方治理

保生大帝信俗在槟城的传播与发展，与当地华人社会的演变紧密相连，特别是在应对异国土地上的挑战与机遇时，这一信俗成了华人社群的精神支柱与文化认同的象征。

（1）姓氏公司、多重身份与信俗活动——以三州府华人公司为例

19 世纪的槟城，福建姓氏公司如龙山堂邱公司，不仅沿袭了中国传统宗族和村庙的组织架构，更在南洋扮演着原乡文化延伸的角色。与原乡的宗祠和神庙不同，南洋的姓氏公司因土地稀缺，将神庙、宗祠和议事厅的功能整合于同一建筑内，构建了一个封闭的宗族

社区，便于内部管理和自我保护。姓氏公司自成立以来，充当了原乡与海外联络的桥梁，推动了经济、文化与社会的双向交流。

姓氏公司与原乡的深厚联系体现在信俗的继承上，如邱公司从原籍地引入香火，主祀大使爷及王孙爷爷，配祀保生大帝等神明，彰显了其作为宗教传承者的角色。在槟城，保生大帝的祭祀形式多样，既作为祖先神在宗祠中被祭拜，也作为原乡主神在特定宗族中被尊崇，更作为民间信俗神在跨宗族的议会中受到群祀，体现了保生大帝信俗在华人社群中的广泛影响力。

此外，姓氏公司还肩负着管理与原乡经济往来的重任，包括汇款、贸易和投资，为原乡经济繁荣做出贡献。它们同时致力于家乡的建设、教育和慈善事业，通过亭长、家长或信理员等管理者，维系着原乡与南洋的紧密联系，承担着信息传递、事务协调和关系维护的使命。姓氏公司在促进保生大帝信俗传播的同时，也加深了华人社群与原乡之间的情感纽带，体现了海外华人对传统文化的坚守与传承。

（2）保生大帝信俗圈与地方治理网络——以槟城清龙宫为例

如果说姓氏公司里祭祀的神明属于小范围的类似家神的体系，那么由福建公司管理的清龙宫则是那一时期槟城华人保生大帝信俗的中心。

日落洞清龙宫作为福建籍华人社区的信俗象征，其历史可以追溯到19世纪末。据碑文记载，清龙宫的建设始于1886年，由林百蚋献地，随后在福建籍华人的共同努力下，庙宇得以快速建成。清龙宫主殿供奉保生大帝、神农圣师和清水祖师，主殿左右两侧则是天兵天将，左殿供奉福德正神，右殿则是观世音菩萨。这些神明的选择，反映了福建籍华人对健康、农业、水力和土地的深切关怀，以及对佛教与道教融合的信俗传统的坚持。

五大姓的福建公司，是福建籍华人社群的领导组织。这个组织不仅在经济上拥有强大实力，更在宗教、教育和慈善领域发挥着重要作

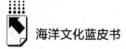
用。福建公司通过管理包括清龙宫在内的五大神庙维护了宗教传统，参与地方治理，包括调节社区内部事务，提供社会服务，以及促进教育与文化活动。

福建公司对以清龙宫为代表的五大神庙的管理，实质上是一种宗族组织与宗教场所相结合的治理模式。福建公司作为五大姓氏的联合体，通过定期的会议和协商，决定神庙的日常运营、宗教活动的组织、财务管理和社区服务项目的实施等。这种管理模式强调集体决策和资源共享，确保了神庙的持续发展和社区服务的有效提供。福建公司通过五大神庙，组织了一系列宗教庆典和祭祀活动，如大伯公（福德正神）的祭祀、保生大帝的诞辰庆典等，这些活动不仅加深了华人社区的民间信俗，还促进了社区成员之间的联系和团结。而这一传统也延续至今，2023 年，槟城福建公司主席拿督邱继福表示，理事会已决定为该庙展开修复和维修计划，目前已完成第一期的两座火炉修复工作，而第二期计划为修复屋瓦工程。

值得一提的是，1918 年全球暴发了西班牙大流感，在马来西亚，这场疫情带来的巨大的冲击让人们不得不直面疾病的恐惧和死亡的威胁，寻求民间信俗的庇护成为一种本能反应。日落洞清龙宫作为福建籍华人社区的重要宗教场所，凭借历史上历次清除瘟疫的医神——保生大帝信俗，其组织的游神活动便承担起了安抚民心、祈求安宁的责任。游神不仅是一种宗教仪式，更是一种集体行动，它通过集体的力量和信仰的共鸣，帮助人们克服恐惧，重建对未来的信心。

（3）华人在马来社会艰难融入的信仰见证

19 世纪的东南亚，保生大帝信俗伴随着福建移民的脚步，深深植根于槟城华人社会。作为闽南人信俗的中心，保生大帝的崇拜不仅提供了精神慰藉，还在华人帮会与秘密社团中扮演了重要角色，成为连接不同方言群体的纽带。尤其在 1867 年槟城暴动（Penang Riots）中，包含保生大帝信俗在内的华人信俗，超越了简单的宗教范畴，成为凝聚华人力量、促进社会团结的关键要素。这场暴动，表面上是不同帮会之间的冲突，实则反映了华人社会内部的资源争夺与身份认同的复杂性。在殖民政府的默许与间接支持下，由广东和福建籍华人主导的秘密社团，掌控了地方经济命脉和地下秩序，这彰显了保生大帝信俗在维持马来华人社会内部秩序中的作用。

1800 年建立的广福宫，作为槟城最早的华人庙宇，不仅供奉保生大帝，还承载了化解华人内部纠纷的职能。然而，随着方言群争端的加剧，广福宫逐渐丧失了调解功能。1867 年槟城大暴动后，为了促进华人社会内部的协调与团结，平章会馆应运而生，成为超越方言群体的代表性组织，其中信俗成为促进华人社群内部和谐与合作的催化剂。平章会馆的成立，体现了闽粤两大方言群体在权力均势下的平衡机制，而保生大帝信俗的普及，进一步强化了这一平衡，促进了华人社会的内部整合。

进入 20 世纪，槟城华人经历了从"落叶归根"到"落地生根"再"华化"的转变，保生大帝信俗成为华人社群融入当地社会、保持文化连续性的重要途径之一。在马来化—英化—再华化的艰难历程中，华人社团如中华总商会和平章会馆，不仅在经济上与殖民政府合作，还通过宗教活动如保生大帝的祭祀，加强了华人与当地政权的文化交流。这些活动不仅加深了华人社群的身份认同，还促进了华人与殖民政府在文化、教育领域的对话与合作，体现了华人社群在适应环境变迁中的智慧和策略。

保生大帝信俗在槟城的传播与发展，见证了华人社群从早期移民到现代进程中的文化坚守与身份认同。在殖民时期，华人通过保生大帝信俗的实践，唤醒了国家意识，积极参与中国政治变革，如辛亥革命，为祖国的独立与自由贡献力量。进入 20 世纪中后期，保生大帝信俗成为南洋华人文化传承的重要载体，通过华文学校、文化中心和学术研究机构，连接南洋华人与祖国文化，增强了华人的文化自信和

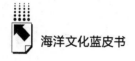

国家意识。

保生大帝信俗在槟城的传播与发展，不仅是民间信俗的传播过程，更是一个文化适应与社会整合的动态历程，反映了南洋华人社群在异国他乡寻找精神慰藉，建立社会秩序，保持文化连续性以及强化国家意识的复杂过程。

4. 马来西亚的保生大帝信俗中的文化遗产

马来西亚华人主要来自中国的不同地区，因此有多种方言群体，如闽南人、潮汕人、客家人、海南人、广府人等，每个群体都带来了各自独特的文化和传统。前文谈到，保生大帝信俗跟随闽人的脚步，在不同时期传播至江浙、广东、海南、台湾。

（1）庙宇建筑艺术

保生大帝庙宇的建筑艺术融合了中国传统与马来西亚地方特色。与台湾保生大帝信俗的庙宇相比，由于马来西亚异域多元的文化环境，此处探讨范围扩大至拜祀保生大帝的庙宇而非保生大帝的独立庙宇。作为华人移民文化和历史传承的生动见证，马来西亚的华人庙宇的形成宛若钟乳石般逐渐生长，超越了单纯的建筑形态，成为华人社群精神生活的核心。这些庙宇的建筑和设计深受闽南地区风格的影响，是早期闽人携带跨越海洋的文化遗产与马来西亚本土材料及多元文化交融的结果，展现出独特的地域特色。尽管各宫庙在财力、文化、功能和地理环境上各有差异，形成了各自独特的个性，但它们在保持与中国大陆祖庭精神内核一致的同时，也展现了在新环境下的创新和适应，彰显了华人社群对传统的坚守与文化多样性的包容。

在马来西亚的华人社群中，多主祀神明的综合性的庙宇占据了主流。在庙宇建筑实践中，不论技艺流派、工匠籍贯，只追求卓越，因此更能看到中华文化盘根错结的蓬勃形态。马来西亚的庙宇"邱公司"是笔者宗族世代联姻的宗亲的庙宇，邱公司相比传统闽南风格的庙宇建筑有更加繁复华丽的屋顶与雕梁画栋。仅从屋顶工艺这个角度，泥塑、灰塑、交趾陶、剪瓷、剪黏，不同时期和地区的工艺堆叠，是一处闽南庙宇屋顶工艺大观园。庙内的斗拱、雀替、垂花、瓜筒、兽座、大通等的贴金木雕、擂金画无不极尽奢华，英雄典故、神明传说、四维八德，以彩绘、灰塑或木雕形式体现在楣面、墙面、柜面，种种细节无一不体现了工匠的巧思和艺术追求。

（2）信俗仪式

18 世纪的槟城的华人社会，环境艰苦，常有瘟疫，衣锦还乡无望，在面对疾病死亡时，宗教和信俗成为重要的心理支柱和精神慰藉来源。王爷信俗，尤其在处理生死问题和寻求死后安宁方面，为槟城华人提供了一种信仰上的安慰和实践上的指导。由于在马来西亚保生大帝多为合祀，其信俗仪式也发生了变化。比如槟城湖海殿，众神明出巡的部分仪式已经被他们拜王爷的仪式所取代，如过火焰山、贯刃于腮和送王船等仪式。祭祀、祈福、斋醮等活动不仅是对神明的敬仰，也是对生命、健康和社会秩序的祈愿。这些仪式承载着华人社群的宗教情感和文化记忆，保护这些仪式有助于维系社群的文化连续性和增强文化自信。

（3）民俗"阵头"表演

"阵头"表演是庙会的重要组成部分，包括舞龙、舞狮、八家将等，南狮因为颜色鲜艳、形象讨喜、表演风格活泼吉祥等原因，与闽人文化结合，在神明出巡节日等场合极大程度上替代了北狮。这些充满活力的表演不仅展现了华人的武术技艺，也是社区团结和节日氛围的体现。歌仔戏是个有趣的例子，前文提到歌仔戏由台湾传回大陆，经大陆发展和二次改造后随下南洋传到新马地区，在 20 世纪 30 年代，迅速代替了早先华人观看高甲戏的传统，"使到高甲戏、梨园戏和傀儡戏纷纷改弦易辙，唱起了歌仔戏"。歌仔戏至此竟和中国大陆的保生大帝信俗祖庭一致，成为酬神的保留节目。"阵头"表演是华

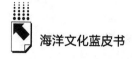

人民俗文化的重要表现形式，保护这些表演艺术有助于传承民族文化、促进文化多样性。

三 保生大帝信俗与东亚海域的文化遗产保护

（一）海峡两岸的保生大帝文化节

1. 保生大帝文化节的历史沿革与作用

在全球化的浪潮中，海峡两岸及东南亚华人社群间的联系日益复杂。近年来，某些不友好势力对东南亚华人社群及台湾乡村地区的渗透，导致了一部分群体对中国大陆产生偏见。在此背景下，保生大帝文化节等两岸文化交流活动的兴起，成为深化文化认同，促进和谐发展的关键举措。

自2008年首届举办以来，保生大帝文化节虽历经波折，包括停办与复办，但它仍逐步成长为两岸文化交流的标志性平台。文化节不仅强化了两岸民众对保生大帝信俗的共同记忆，更推动了文化的互动与融合。特别是针对东南亚华人社群对中国大陆复杂的感情，文化节通过展示两岸共享的文化元素，有效地促进了正面认知的形成，为两岸关系的改善奠定了坚实的文化基础。

2. 现代与传统的结合：保生大帝文化节的创新实践

海峡两岸的保生大帝文化节通过举办各类文化交流活动，如艺术展览、电影放映等，深化了两岸与东南亚华人社群对中华文化的共同认同感。文化节的举办，不仅加深了参与者对保生大帝信俗的理解，也让年轻一代有机会接触和学习传统文化，增强了文化传承的活力。鼓励两岸及东南亚华人社群的青年一代参与文化节的策划与实施，通过年轻人的视角创新传统文化的表现形式，使之更加贴近现代生活，从而吸引年轻群体的兴趣，确保文化的代际传递。文化节拓展了与东南亚各国政府及文化机构的合作，共同举办了保生大帝文化节等文化交流活动，提升了中国文化在东南亚地区的影响力，促进了更广泛的跨文化对话与理解，为构建人类命运共同体贡献力量。

利用互联网与社交媒体，打造在线文化交流平台，让无法亲临现场的两岸与东南亚华人社群也能参与文化节，感受保生大帝文化的魅力，增强文化认同感。特别是在 2020～2023 年，"云谒祖"活动的开展，展现了数字化在文化遗产保护与传播中的重要作用。创新实践与传统文化的融合，使文化节能够巧妙地将传统祭拜仪式与现代科技、艺术相结合，如引入数字化互动体验和新媒体艺术展示，使传统文化以新颖活泼的方式触及新一代华人，特别是东南亚地区的年轻人。这种创新不仅提升了文化节的吸引力，也加速了传统文化的现代化进程。

3. 历史资料与口述历史的融合

保生大帝文化节的筹备与实施，重视非物质文化遗产的挖掘与复原，这一点在保生大帝信俗的保护工作中显得尤为重要。回顾 2008 年保生大帝申请国家级非物质文化遗产的历程留下的一部分仪式和祷文的档案资料，笔者通过还原传统明清史料，包括《大驾卤簿图》《出警入跸图》《頖宫礼乐疏》《大明集礼》等礼制文献，走访老一代工作人员，收集第一手的口述历史和传统实践，借鉴台湾地区各宫庙早期影视资料中留存的仪式内容相结合，重构了保生大帝信俗的图景，让这一民间信俗的精髓得以在现代语境中重现。在庄严肃穆的祭祀仪式中，一系列古法传统仪式得以重现，包括鸣炮、鸣钟、擂鼓、分香上香、五献礼以及三跪九叩首礼，每一项都承载着深厚的历史与文化价值，展现了对保生大帝至高无上的崇敬之情。作为复原项目的核心，祀典队伍在迎神环节中扮演了重要角色，其构成严谨考究，令旗、执事牌、乐班、兵仗以及身着明制飞鱼服的执事团，每一个细节都经过精心挑选与设计，力求还原最真实的历史风貌。尽管受到活动场地的限制，整体规模有所缩减，但这些努力无疑为后人保留了珍贵的文化记忆。

神尊安坐之时，平安门两侧绽放的绚丽烟花犹如星河倾泻而下，为仪式增添了几分神秘与壮丽。随后，所有嘉宾与保生大帝神尊的合影留念，不仅定格了这一难忘瞬间，更象征着对传统文化的尊重与传承。午宴上，祖宫精心准备的佳肴令人赞叹不已，美食与仪式相得益彰，让参与者体验到一场视觉与味觉的双重盛宴。台南学甲慈济宫董事长王文宗的发言，以及来自金门等地宫庙代表的致辞，字里行间无不流露出对两岸一家亲的深切情感与对传统文化的坚定支持，彰显了非遗仪式复原的重要意义与深远影响。

4. 文化创意产业的成功融合

文化 IP "慈生有礼"伴手礼品牌于 2023～2024 年度打造，并在 2024 年保生大帝文化节中呈现。保生大帝诞辰 1045 周年全新礼盒回馈两岸宫庙与嘉宾。"慈生有礼"名字结合神明"保生""慈济"，承载保生大帝信俗内核：慈航普济，保佑众生，以礼相待信众宾客。标志灵感来源于屹立千年之白礁庙宇与之倒影，香火之纹样寓意一个世纪来香客不绝、香火鼎盛，纹样也是象形文字"白"之变体。外围文字也无不体现其历史悠久，内涵深厚。此次的伴手礼主题为"保生聚同心，情系两岸缘"，打开映入眼帘的是设计者撰写的对联"福泽两岸，万古恒传保生义；饮水思源，千年不忘白礁香"。内容物充分考虑实用性与文化价值，从保生大帝音乐、保生大帝医药到保生大帝信俗，听觉触觉嗅觉全感官制作：定制款音响带有十首保生大帝歌曲，涵盖闽南语与普通话，有传说故事改编，也有歌颂功德；结合保生大帝中医签文化的安神医药穴位锤；定制带有生命连续与重生寓意的檀木莲蓬的朱砂手串。礼盒外观以正红色为保生大帝祝寿，辅以烫金工艺突出保生大帝祖庭历史悠久、两岸同根同源。伴手礼作为此次祖庙文化的综合体现，在台湾地区也获得了关注和称赞。

保生大帝文化节的筹办体现了两岸庙宇与东南亚华人社团的紧密协作。以 2024 年"保生聚同心，情系两岸缘"保生大帝文化节为例，漳州市台湾事务办公室给予了指导与支持，白礁慈济祖宫管理委员会、厦门尔嘉文化传播有限公司等机构共同参与，确保了文化节的顺利进行，为两岸及东南亚华人社群的交流合作树立了典范。

保生大帝文化节的成功举办，不仅在大陆受到高度评价，也得到了台湾及东南亚地区的广泛认可。台湾媒体人和政治人物对文化节的现场、媒体宣发、文化产品、情绪价值给予了高度评价，认为大陆团队的作品具有大气恢宏的特色，彰显祖庭气魄。这种认可和好评，进一步增强了大陆在两岸文化交流中的示范作用和影响力，为两岸关系的和谐发展提供了有力支撑。文化节的成功举办，为大陆与台湾地区在文化领域的深入合作提供了良好契机，为两岸文化交流与合作开辟了新的路径。通过共同参与文化节的祭祀仪式、学术研讨会、文艺表演等活动，两岸民众不仅加深了对保生大帝信俗的理解，也增进了对彼此社会文化的认识。文化节成为两岸文化交流的窗口，为两岸关系的和平发展贡献了积极力量。同时，文化节也吸引了东南亚华人社群的参与，促进了他们对中国大陆文化的正面认知与情感认同。

在全球化背景下，海峡两岸与东南亚地区的华人社群之间存在着复杂且微妙的关系。近年来，东南亚的传统华人社群、台湾的乡村地区，受到了不友善势力的文化与政治影响的渗透，导致部分社群对中国大陆持有一定程度的负面认知。鉴于这一现状，加强文化交流，深化文化认同，成为促进两岸关系和谐发展与东南亚华人社群向正面认知转变的关键所在。基于此，一系列以保生大帝文化节为代表的两岸文化交流活动应运而生，旨在通过文化纽带，增进相互理解与信任，构建更加稳固的两岸与东南亚华人社群之间的关系。

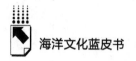
（二）文化遗产的联合保护建议

1. 保生大帝信俗保护状况

保生大帝信俗作为东亚海域海洋信俗的典范，已在多个国家和地区得到不同程度的非物质文化遗产保护。在中国，早在1996年，信俗之祖庭青、白礁慈济宫即被列为国家重点文物保护单位，保生大帝信俗于2008年被列入国家级非物质文化遗产名录。在台湾地区，大龙峒保安宫的保生大帝圣诞庆典于2021年、淡水三芝九庄轮祀保生大帝于2019年、元保宫大道公出巡于2023年，分别入选台北市、新北市和台中市文化局的无形文化资产名录，众多庙宇建筑是市级古迹。金门琼林保护庙在保生大帝信俗非遗传承中贡献卓著，通过积极参与庙会及宗教仪式，长期致力于信仰文化的保存，同时协助周边宫庙事务，深化了海峡两岸民间交流，成为连接两岸、维系社区的重要文化纽带。在马来西亚、新加坡等东南亚国家，保生大帝庙宇和信俗活动同样构成了当地华人社区文化的重要组成部分，但未被正式列入其国家级非物质文化遗产，更亟待保护。

作为保生大帝信俗中的重要组成部分，民间信仰类诸如哪吒信俗、王爷信俗，民俗阵头类如抬阁、宋江阵、大鼓吹、拍胸舞，建筑艺术类如剪瓷、剪黏、泥塑、灰塑、砖雕、青石雕，神明造像类如漳木雕、漆线雕、凤冠制作、漳缎漳绣，仪式相关如木版年画、剪纸、香和纸的制作、道教科仪与建坛，音乐戏曲类如哪吒鼓、歌仔戏、木偶戏等，均被列入中国各级非遗名录，笔者参与探寻和保护的这些也只是冰山一角，尽管大量的文化遗产已成功被列入中国各级非物质文化遗产名录，受到了官方的认可与保护，但仍有更多的文化遗产仍然散落在民间，它们如同珍珠般散落，等待着被发现和串联。这不仅需要政府的支持与引导，更需要社会各界的实际参与和努力，以确保这些承载着人民智慧与情感的文化遗产能够在未来的岁月里继续发光发热，为后人讲述过去的故事，传递中华文化的精髓。

2. 文化遗产作为历史文物的保护问题

自然灾害破坏、环境污染损毁，或文化意识不强导致的人为破坏和盗窃，对保生大帝庙宇和造像等古建和相关文物造成损害，是笔者在马来西亚、越南甚至国内田野调查中遇到和被咨询的常见问题。尤其作为海外中华文化载体的马来西亚的保生大帝庙宇表现得尤为明显，修缮和保护本质上是个跨国文化保护问题。

修缮的过程面临着一系列挑战，需要综合考虑并采取相应的解决策略。

（1）保护与现代化的平衡。修缮工作需遵循"修旧如旧"的原则，使用传统材料和工艺，同时确保建筑满足现代安全和使用标准。这要求工匠不仅要有传统技艺，了解庙宇"下南洋"经历的文化融合、建筑工艺和材料的迭代，还要了解现代建筑要求和当地气候，同时进行传统建筑工艺的保护和传承，考量建筑的可持续发展。

（2）跨文化理解、尊重与官方支持。柬埔寨吴哥窟的跨国合作项目对此是具有重要借鉴意义的，这是一项需要精细平衡历史保护与现代化需求的工程。因为涉及跨国文化保护，在马来西亚的多元文化下，修缮工作需要有效，但也要尊重所有文化群体并注重文化的传承。通过跨文化对话和协商，确保修缮方案能够得到多角度的广泛认同和资金支持。借鉴吴哥窟的经验，邀请国际专家参与，引入先进的保护技术，同时培养本地工匠，确保修缮工作意义的可持续性。这不仅是对建筑本身的维护，更是对工匠技艺和文化智慧的尊重。

（3）文化价值的挖掘与传播及社区参与度。通过教育项目、文化活动、展览和媒体宣传，提高公众尤其是年轻一代对保生大帝庙宇文化价值的认识以增强其保护意识；鼓励社区成员参与修缮过程，不仅能够提高他们对项目的归属感，还能够通过他们的参与收集宝贵的意见和建议。

3. 非物质文化遗产的保护问题

（1）文化精神内核与传统习惯散失。以保生大帝信俗为典范的中华文化具有海洋与陆地的双重文化内核，陆地文化与海洋文化的交汇，不仅丰富了保生大帝信俗的内容与形式，也使其成为连接中国内陆与海洋世界、东方与西方、古代与现代的桥梁，展现了中华文化的深度与广度。这种独特的精神特质，使得保生大帝信俗成为研究中华文化内在动力与外延扩展的宝贵案例，对于理解海外华人文化的多元性和复杂性具有重要意义。而如今祖庭文化散失，在台湾地区和南洋有迹可循的传统，如庙祠为神明挂天灯的习俗，在海外因手艺缺失变得一灯千金难求，在祖庭也因不了解渊源，仅凭个人主观审美就断绝了传统。身为国家重点文物保护单位的祖庭，建筑精妙、工艺精湛，满载着中国历史故事与传说，虽被誉为"闽南故宫"，但其中之精妙处竟无人能说出一二。

（2）信俗仪轨散失。信俗仪轨的散失，反映了一种文化的断裂与变迁。在保生大帝信俗的发源地，即祖庭，那些曾被视为神圣不可侵犯的仪式、音乐、服饰和日常庙宇活动的仪式感，随着时间的流逝，逐渐淡出了人们的视线。这些传统仪式不仅是民间信俗的外在表现，更蕴含着深厚的文化价值和历史记忆，它们的消失意味着一种文化的退隐，也揭示了社会变迁对文化遗产的深刻影响。

（3）依附于信俗的非物质文化遗产的散失。诸如前文提到的南洋千金难求一盏的天灯，大陆的手艺人却面临需求越来越少、难以糊口的问题。除此之外，当传统文化的缺失遇上时代技艺革新，做更便捷更实惠的选择变得十分普遍。与其选择手艺人世代相传（要从挑木料、晾木料、画木料、刻木料、修和粉饰，加上贴金、彩绘、漆线雕，反复晾干再多遍绘制，中等大小一年也只能做四五个），不如选择货架上现成的机雕神像。旧神像修缮的成本更是高昂。神像之选择尚且如此，无数散落的庙宇祠堂，哪怕是宋代的，笔者所遇去留之痛案例不胜枚举。

4.非物质文化遗产保护问题的解决方案

（1）庙宇空间活化利用

凯文·林奇曾在《此地何时》一书中提到："为了现在及未来的需要，对历史遗迹的变化进行管理，并有效地加以利用，远胜过对历史过去的呆板尊重。"[①] 保生大帝庙宇以其承载政治变革的见证、华人拼搏的记录、传统技艺的承袭、艺术文化的传播等意义，不仅是静态的历史建筑，更是活跃的文化遗产，需要在保护的同时进行情景重现、教育教学等合理的更新，尤其是活化利用，如文物整理与展示，相关历史教育、非遗工艺展示与课堂，这种活化不仅是对庙宇物质形态的维护，更是对其文化精神的传承与发扬。庙宇的保护工作并非僵化地保存其旧貌，而是要在现代背景下赋予其新的生命力和功能，使其成为连接过去与现在的桥梁。

（2）利用多媒体矩阵宣传教育，抓住并充分利用文化触媒

这一举措包括创建官方网站，申请微信公众号和成立微博、抖音等多平台账号，形成全面覆盖的媒体矩阵；制作高质量的内容，包括非物质文化遗产的介绍、保护过程、传承人的故事等，通过短视频平台进行广泛传播；兼顾吸引信众和收集香火的功能，培养定期发布关于非物质文化遗产的最新资讯、研究成果、保护进展等内容的习惯，承担起文化教育的职责。"游神"一词于2023年春节于福州长乐和广东潮州爆火，原本传统的民俗活动被热衷国潮复兴的青年旅行者们推上风口浪尖，几度霸占各大媒体头条，成为最热文化触媒，带动当地文旅发展。可在原有庙宇活动的基础上，增加诸如"游神文化节"，作为展示所有民俗文化的年轻化平台，邀请年轻人和旅游爱好者参与，通过社交媒体和新闻报道，增强公众对传统民俗活动的兴趣

---

① 凯文·林奇：《此地何时：城市与变化的时代》，时代华文书局，2016。

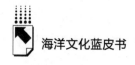
和参与度。

（3）海洋文化遗产再创活动

制作保生大帝信俗传播发展系列纪录片，深入挖掘这一非物质文化遗产的历史背景、文化内涵及其在现代社会的意义，提高公众的认知水平。

持续制作特色伴手礼，将非物质文化遗产元素融入产品设计中，抓住信俗和文物IP持续推进，推动文化的延续与创新，特色伴手礼既可作为旅游纪念品，又可作为文化传播的载体。

举办摄影展和艺术合作项目，邀请艺术家和摄影师以海洋文明、海洋遗产等为核心进行主题创作，通过艺术作品展现文化遗产的魅力。

与国际机构合作，举办非物质文化遗产国际论坛或展览，增强国际文化交流与合作。

（4）数字化复原与传播

随着数字化技术的进步，保生大帝信俗及相关文化的复原与传播将更加高效与精准。利用虚拟现实（VR）、增强现实（AR）和3D打印等技术，可以重现历史场景，使文化遗产以沉浸式体验的方式不限时间空间地呈现给公众，也能辅助文物的修缮和研究。此外，数字档案库的建设将为全球范围内的研究者和爱好者提供便捷的访问途径，促进知识的广泛传播和深入研究。

（5）跨文化对话与合作

通过国际研讨会、文化节和联合研究项目，促进不同国家和地区之间关于保生大帝信俗的跨文化对话与合作。这不仅能加深对各自文化传统的理解，还能激发新的创意和灵感，促进地区文化和旅游的创新和发展。

保生大帝信俗的文化遗产的保护，也是未来复原与传承工作的核心，将以数字化、教育、跨文化对话和跨学科研究为核心，旨在实现文化遗产的可持续发展，促进社会进步和文化多样性。通过这些努力，保生大帝信俗不仅能够得到有效的保护，还能在新的时代背景下焕发新的活力，成为连接过去与未来、东方与西方的文化桥梁。

5. 跨区域合作与文化保护倡议

鉴于保生大帝信俗作为海洋文明遗产的跨国性质，各国之间应建立更紧密的合作机制，共同保护和传承，具体建议如下。

（1）建立区域文化遗产数据库。收集和整理保生大帝信俗及相关信俗与文化的文献、图像、音频和视频资料，进行口述历史和田野调查的收录整理，创建一个共享的数字档案库，便于学术研究和文化交流。

（2）定期召开国际研讨会。邀请各国学者、信俗传承人和文化工作者，共同探讨保生大帝信俗的保护策略、传承方法和文化价值，促进学术交流和知识共享。

（3）联合举办文化节和展览。通过共同策划和举办保生大帝文化节、艺术展览和传统技艺展示等活动，增进公众对中华传统信俗和海洋文化遗产的认知，激发社会对海洋文明与非物质文化遗产探索学习和保护的热情。

（4）启动视频修复与电影制作项目。收集、修复和数字化保存与保生大帝信俗相关的历史影像资料，制作纪录片或故事片，讲述信俗的历史变迁和当代实践，提高公众对非物质文化遗产保护的意识。

（5）推动海洋遗产跨国文化交流计划。设立专项基金，支持保生大帝信俗等海洋文化遗产的传承人和文化工作者之间的交流，鼓励跨文化合作项目，如艺术创作、音乐表演和传统工艺展示等。

（6）建立联合申报机制。与众宫庙及机构合力探索将保生大帝信俗作为跨国合作非物质文化遗产联合申报的可能性，提升其在国际社会的认知度和保护力度。

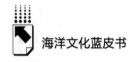
（三）扬帆重启航：祖庭文化的二次输出与文化自信的展现

随着中国经济的崛起和精神文明的建设，传统文化在年轻一代中重获新生，汉服流行、故宫文创爆火、非遗进校园等现象展示了传统文化的活力，但其影响力主要限于大陆。闽人传统信俗及其衍生的生活方式对台湾地区中南部和东南亚华人有天然亲近感，但两岸认知差异和台湾的"去中国化"政策造成文化接受障碍。

针对这种情况，应利用共同记忆淡化区别，一方面发挥大陆深厚的理论能力和复原能力，击碎"中华正统在台湾"的迷思；另一方面抢占文化高地，利用音乐、电视、电影甚至是游戏的形式，将台湾地区的舆论场紧紧地锁在本议题中。用现象级的作品击碎信息壁垒，以商业化的内容加地方性的记忆来拉近彼此的底层认知。

近年来，随着华人民间信俗跨区域网络的加强，保生大帝祖庙文化的二次输出呈现新的特点。一方面，大陆祖庙在东南亚的影响力逐渐扩大，如新加坡真人宫等，通过参与原乡的庙务，建设宗祠，加强了与祖乡的情感联结。另一方面，中国大陆的宗教政策调整与开放，促使许多原本断绝联系的祖庙重新活跃起来，成为海峡两岸宗教文化交流的重要节点。祖庭文化的二次输出并非简单的文化复制，而是基于历史根基之上的创新与融合。在尊重和保护文化原貌的同时，通过与当地文化的互动与交融，祖庭文化得以在新的土壤中生根发芽、开花结果。

以保生大帝信俗为代表的一系列祖庭文化，根植于深厚的地域文化土壤之中，承载着族群的记忆与认同。而由民间信俗推展开的建筑、饮食、文物、音乐、文学、礼仪、武术、服饰、艺阵、科仪、中医药等一系列华人文化遗产，在海外华人社会中，扮演着维系乡愁与文化传承的关键角色，正统但平易近人，传统又丰富多彩，成为连接华人与家乡、历史与未来的桥梁。在全球化的今天，保生大帝信俗与祖庭文化的二次输出，不仅是一次文化上的复兴，更是华人社群对自身文化身份的认同与骄傲，以及对世界文化贡献的独特方式。一如2020年，中马两国庙宇以"兄弟宫庙"的关系进行合作，"送王船"由两国共同申遗的成功，不仅增进了中马两国人民的文化共鸣与相互理解，也促进了学界在文化遗产保护与研究方面的合作，为祖庭文化的传承与创新开辟了新的路径。

四　结论：保生大帝信俗的海上征程与当代价值

保生大帝信俗作为东亚海域海洋信俗的典型代表，其历史传播轨迹清晰地勾勒出中国东南沿海先民与海洋的深厚联系，以及民间信俗如何随着海上丝绸之路的商贸活动，跨越地理与文化的边界，最终在台湾地区和东南亚等地生根发芽，成为连接各地华人的重要文化纽带。这一过程不仅体现了人类在面对自然挑战时的智慧与韧性，也彰显了民间信俗在促进区域文化认同与社会凝聚力方面的重要作用。

在现代，保生大帝信俗不再仅仅是民间信俗的范畴，而是成为中华文化对外交流的桥梁，尤其是在两岸关系和东南亚华人社群中，发挥着不可替代的作用。保生大帝文化节的举办、文化遗产的保护与传承，以及数字化传播的尝试，都是在新时代背景下，保生大帝信俗寻求创新发展、扩大文化影响力的具体实践。通过这些活动，加深了两岸与东南亚华人对中华文化的共同认同感的同时，也促进了青年一代的参与，增强了文化传承的活力。

在全球化与信息化的今天，以保生大帝信俗为代表的民间信俗作为中国发挥文化影响力的抓手，应当承载着更多的期望与责任。通过加强与东南亚各国的文化合作，输出建筑与文物的鉴定与修缮能力，共同举办文化节和展览，不仅能够提升中国文化在东南亚地区的影响力，还能促进更广泛的跨文化对话与理解，为构建人类命运共同体贡

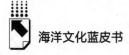

献力量。同时，利用互联网与社交媒体等数字化手段，保生大帝文化的传播将更加高效，让无法亲临现场的两岸与东南亚华人社群也能感受到其魅力，从而增强文化认同感，促进中华民族的伟大复兴。

总而言之，保生大帝信俗的传播历程，不仅是一段关于民间信仰与文化的海上旅行，更是对人类共同精神家园的探索。在中华民族伟大复兴的进程中，保生大帝信俗及其所代表的海洋文化，有望发挥出更大的价值，成为连接过去与未来、东方与西方的文化桥梁，为促进不同文化之间的和谐共存与交流互鉴做出新的贡献。

附　录
2023年海洋文化大事记

王佳宁*

一　政策法规

1月10日消息，象山县《花岙岛国家级海洋公园规划（2021—2035）》正式实施。花岙岛国家级海洋公园适度利用区面积4.05平方公里，共规划景点36处，将着重建设"沧海银田游览区""古樟海滩游览区"和"张苍水兵营游览区"。

1月16日，宁波舟山共建海洋中心城市推进会以视频会议的形式召开。据悉，浙江省正在谋划编制《宁波舟山共建海洋中心城市总体方案》，以求两市提供全面、系统的目标要求和路径指引。

1月18日，海南省自然资源和规划厅、省财政厅、省旅文厅联合印发《关于加强海洋旅游业用海要素保障和服务管理的若干意见》，为目前全国第一个专门从用海要素保障和活动规范层面支持海洋旅游业发展的政策文件。包括三大部分12条用海要素保障措施，明确了潜水、游艇码头、海水浴场、海上旅游经营活动等旅游业态的用海要素保障和服务管理政策。

2月13日，2023年广西壮族自治区海洋工作会议在南宁召开。

---

* 王佳宁，福建省海洋文化研究中心研究助理，研究方向为海洋文化、海洋经济。

广西区海洋局党组书记、局长谢瑾瑜在报告中提出，广西将启动新一轮向海经济三年行动计划，加快建设海洋强区。

3月8日，海南省政府出台《加快渔业转型升级促进海南渔业高质量发展三年行动方案（2023—2025年）》，聚焦渔业"三步走"。在休闲渔业领域，重点实施休闲渔业基础设施建设、休闲渔业发展和渔民转产转业保障三个行动，着力推动休闲渔业实现跨越式发展。

5月15日，经深圳市政府同意，深圳市规划和自然资源局编制的《深圳市海洋发展规划（2023—2035年）》正式出台。该规划以建设全球海洋中心城市重大任务为目标，为深圳海洋事业发展提供了分阶段图景。

6月1日，《舟山市国家级海洋特别保护区海钓管理办法》正式施行，这是全国海钓管理领域的创制性立法，旨在规范舟山市国家级海洋特别保护区内的海钓行为，促进海洋资源可持续利用，保障海钓活动安全、有序发展。

6月7日，上海市人民政府办公厅印发《推进国际邮轮经济高质量发展上海行动方案（2023—2025年）》，从做大邮轮总部经济、做强邮轮制造体系、做实港口枢纽功能、做精邮轮配套服务、做优邮轮产业生态五个方面提出了20条措施。

7月21日，深圳市盐田区人民政府印发《盐田区建设世界级滨海旅游目的地实施方案（2023—2025年）》，包括建成世界级的山海乐享胜地，建成令人向往、世界知名的顶级酒店集群，建成"买全球、卖全球"的世界级深港融合购物商圈，建成非来不可、非吃不可的世界美食天堂，建成国际知名、全球瞩目的节赛展会集聚地，营造有口皆碑、国际一流的旅游服务环境六大方面。

10月13日，国家文物局印发《水下考古工作规程（2023年）》，这是中国针对水下考古工作制定的首部行业规范。文件以水下考古工作流程为主线，明确了水下考古工作不同阶段的原则、目的、内涵和操作要点。

11月23日，《青岛市建设引领型现代海洋城市改革创新案例情况介绍》发布，共有20项，涵盖海洋领域顶层设计、三次产业创新引领、科技创新与人才集聚、企业培育与项目管理、生态保护与综合治理、国际交流与地方实践等方面。

12月1日，《浙江普陀中街山列岛国家级海洋公园规划（2023—2035年）》在杭州通过浙江省林业局组织的专家评审。

12月26日，《厦门经济特区海洋经济促进规定》经厦门市第十六届人民代表大会常务委员会第十七次会议通过，预计于2024年3月1日起施行。文中提出培育现代海洋文化，推动海洋文博事业发展，发展海上体育运动，推动全域旅游发展和国际滨海旅游目的地建设等。

二　学术动态

1月20日，上海海事大学国家海洋研究院和国家高端航运服务研究院成立。

2月16日，"粤港澳大湾区（广东）文史论坛"在东莞举行，本次论坛主题为"海洋文化与新发展格局"。会上发布了《读懂东莞海洋文化　赋能人文湾区建设》调研报告，由广东省人民政府文史研究馆、东莞市社科联（院）联合调研组共同完成。

3月3日，自然资源部第二海洋研究所与中国地质大学（武汉）签署协议，共建海洋学院。

3月11日，中国海洋大学举办了"中国海洋文化研究与发展研讨会暨成果发布会"，上线发布了《中国大百科全书》第三版"中国海洋文化专题"。该专题包括海洋文化词条400余条、30余万字，这是《中国大百科全书》首次将中国海洋文化作为专题列入。会上同时发布了《中国海洋文化发展报告》（2016~2020）。

3月24~26日，第五届海洋史研究青年学者论坛在广东湛江市举行。会议由广东历史学会、广东省社会科学院历史与孙中山研究所（海洋史研究中心）、《海洋史研究》编辑部、岭南师范学院、国家社科基金中国历史研究院中国历史重大问题研究专项2021年度重大招标项目"明清至民国南海海疆经略与治理体系研究"课题组联合主办，来自北京、上海、辽宁、吉林、山东、浙江、福建、云南、广西、香港、广东等地高校、科研机构的学者50余人参加会议。

4月14~16日，"海洋文化与形象史学论坛2023"学术研讨会在浙江省宁波市召开。此次会议由中国社会科学院古代史研究所古代文化史研究室、《形象史学》编辑部、《中国史研究动态》编辑部、宁波大学浙东文化研究院主办，《形象史学》编辑部、宁波大学浙东文化研究院承办。

4月21日，第十三届中国民间艺术节学术研讨会在青岛印象酒店召开。研讨会以"民间文艺助力乡村振兴与共同富裕"为主题，围绕我国民俗文化在"经略海洋"国家战略中发挥的作用、海洋民俗文化如何助力乡村文化振兴、传统海洋文化对新时代生态文明的启示等论题展开深层次、全方位的交流与探讨。

4月22日，中国·荣成海洋民俗文化学术交流会在山东荣成举行。11位国内非物质文化遗产研究领域的专家学者和全省16地市文旅部门分管负责人参加，围绕"民俗类非遗与旅游融合的路径与方式""海洋文化整体性保护"两大主题进行交流

6月16日，第十四届海峡两岸船政文化研讨会在福建福州举行。研讨会是第十五届海峡论坛的重要组成部分，主题为"向海图强共谋复兴"，设有分论坛"船政文化历史研究与宣传弘扬"和"三坊七巷与船政文化"。

6月27日，第二届"侨批文化与华侨精神"研讨会在泉州举行，围绕"海上丝绸之路与华侨华人""中国式现代化视角下的侨批遗产

价值与华侨精神""侨批文化与世界记忆遗产保护传承""侨乡文化建设及中外人文交流"等多个议题展开。2023年是侨批档案入选《世界记忆名录》十周年。

6月28～30日，第三届中国海关史青年学者论坛在上海交通大学人文学院举行，60余名专家学者与会。主办方为上海交通大学历史学系《中国海关通史》课题组。

7月7～9日，中国社会学会海洋社会学专业委员会在南京大学举办以"理论与实践——中国式现代化与加快建设海洋强国"为主题的第十四届中国海洋社会学论坛。上海海洋大学海洋文化研究中心和海洋文化与法律学院承办此届论坛。来自全国十多所高校和研究所的40余名专家学者和学生参会。

7月10～14日，"丝绸之路"视域下的历史地理变迁暑期学校暨东北亚近代经济、交通与社会变迁工作坊在复旦大学历史地理研究中心举办。100多名师生以线上和线下结合的方式参与了此次课程。

7月23日，中国海外交通史研究会第八届换届会员代表大会在泉州海外交通史博物馆召开，广东省社会科学院研究员李庆新当选新一届会长。换届大会后，由中国海外交通史研究会、泉州市文化广电和旅游局共同举办的"海洋中国与世界"学术研讨会正式开幕，近200位专家学者参会。

7月30日，由大连海事大学主办的《中国海洋法治发展报告（2023）》首发仪式在北京举行。报告涵盖了中国海洋法治发展概述、海洋权益、海洋法治的政策与管理、海洋经济、海洋科技、海洋环境等17个方面的法治发展情况。

8月13～14日，第九届琼海潭门赶海节琼海海洋文化论坛在琼海举行，此次海洋文化论坛由琼海市旅游和文化广电体育局和海南大学联合举办，论坛包括第二届海南兄弟公海洋文化与海洋非遗保护研讨会和第七届南海《更路簿》暨海洋文化研讨会两场学术活动。

8月19日，2023年"环太平洋史前文化"学术研讨会在平潭综合实验区圆满落幕。此次会议邀请了包括中国大陆、中国香港、中国台湾、印度尼西亚、帕劳等境内外近60名专家学者与会，近20位专家学者围绕"环太平洋史前文化"主题深入交流了南岛语族研究成果。

8月25～26日，2023年海洋亚洲人文学科青年学者国际学术研讨会在香港理工大学举办。这次会议主题为"海洋亚洲的离散与交汇：跨文化的对话与交融"，由爱丁堡大学文学语言及文化学院、香港理工大学中国文化学系、中国台湾成功大学历史学系、香港史学后进协会共同举办。

9月12日，我国首部以中国管辖海域海底地理实体研究与命名为主题的专题图集《中国周边海域海底地理实体图集丛书》出版发行。该丛书的出版规范了我国周边海域海底地理实体及其名称，为我国涉海地图、著作和论文的规范出版提供了海底地名标注的科学依据。

9月15～18日，第九届民族文化遗产论坛暨海洋文明与泉州非物质文化遗产专题学术研讨会在福建泉州举办，来自62所科研院所和高校的专家学者近百人参加。

9月15日，中国海洋发展研究中心第二十三期中国海洋发展研究论坛暨2023中国海洋文化传承发展高峰论坛在集美大学举办。来自全国各地的专家学者以及集美大学师生共百余人参会。

9月19日，2023海洋旅游高质量发展创新交流会暨第三届海洋旅游学术会议在平潭举行。会议由文化和旅游部资源开发司指导，福建省文化和旅游厅、平潭综合实验区管委会、福建师范大学、中国管理科学学会旅游管理专业委员会联合主办，共计100余位嘉宾出席活动。

10月12日，2023第十七届海洋文化研讨暨"一带一路"公共图书馆学术交流会议在浙江舟山举行。会议由舟山市文广旅体局、深圳市盐田区委宣传部、盐田区文广旅体局主办，舟山市图书馆、深圳市盐田区图书馆、深圳市盐田区海洋文化研究会承办。

10月13日，世界海洋文明交流互鉴论坛在福州举行。论坛以"与您一同探索海洋文明的独特魅力　共赴人类和'海'的千古之约"为主题。来自美国、法国、英国、马来西亚等国家以及全国各地的海洋文化研究专家学者等200余人参加论坛。此次论坛是2023世界航海装备大会分论坛之一，由福建省人民政府、工业和信息化部、交通运输部主办，福州大学、福建省海洋文化研究中心承办。

10月13~15日，2023"岛屿与海洋文明"学术研讨会在浙江省舟山市岱山县举办。会议期间先后进行了"浙江海洋考古舟山工作站""浙江大学艺术与考古学院考古文博教学实践基地"授牌仪式。

10月14日，由山东大学历史文化学院主办的"中华文明与古代中外关系"国际学术研讨会在该校中心校区举行。主要围绕中华文明的涉外理论和话语体系、中外文化交流与文明互鉴、壬辰战争与16~19世纪中日朝关系史、古代王朝对外政策等四个主题而展开，30余位学者参会。

10月20日，"新时代中国海洋教育高质量发展"2023年第四届中国海洋教育学术研讨会在上海海洋大学举行。此次研讨会由全国海洋教育研究联盟、上海海洋大学、上海中国航海博物馆、上海天文馆主办，宁波大学海洋教育研究中心等参与承办，来自近30家单位的37名教育专家作了学术报告。

10月20日，由中国台湾澎湖县政府文化局承办，委托澎湖科技大学执行的"澎湖学第23届国际学术研讨会：海洋文化遗产国际交流"在澎湖福朋喜来登饭店举办，会议主题为澎湖石沪。

10月24日，第五届自由贸易港（区）国际海事法律论坛在浙江舟山成功举办。本次论坛由中国海事仲裁委员会、中国国际贸易促进委员会浙江省委员会和舟山市人民政府共同主办，中国海仲（浙江）

自由贸易试验区仲裁中心、中国国际贸易促进委员会舟山市委员会承办。论坛以"凝聚智力 共商共建国际海事争端解决优选地"为主题，近300位代表线下参会，线上观众累计超过1万人次。

11月2日，第七届边界与海洋研究国际论坛在武汉大学顺利开幕，这届论坛主题为"中国式现代化与周边关系"。论坛由武汉大学中国边界与海洋研究院和国家领土主权与海洋权益协同中心主办，来自俄罗斯、韩国、泰国、印尼、新加坡及中国大陆的70余名专家学者参会。

11月7日，以"赓续海丝文化赋能海上福建"为主题的第二届福建省海洋文化论坛在福建泉州开幕。这届论坛是在自然资源部宣传教育中心、中共福建省委宣传部指导下，由福建省海洋与渔业局、福建省文化和旅游厅、泉州市人民政府共同主办。论坛上发布了《海洋文化蓝皮书·中国海洋文化发展报告（2023）》。

11月10~12日，第六届海洋文学与文化国际学术研讨会在宁波举行。来自国内外100多所高校和科研机构的160余位专家学者围绕"跨学科视域下的海洋文学与文化研究"主题，共同探讨新时期海洋文学与文化研究的新内涵、新范式和新领域。

11月11~12日，由中国社会科学院《世界历史》编辑部主办、福建师范大学社会历史学院承办的第七届全国世界史中青年学者论坛在福州隆重开幕。全国90余位专家学者参加此次论坛。

11月11~12日，由浙江师范大学主办、浙江师范大学边疆研究院承办的第十届边疆与海洋论坛——"铸牢中华民族共同体意识的地方经验与学理建构"举行。50余位专家学者会聚一堂，研讨交流。

11月13日，第三届中华海洋文化厦门论坛开幕，国内外约50余名专家学者聚焦海洋文化深入研讨。这次论坛为2023厦门国际海洋周重要活动之一，以"海洋人群：闽商文化与世界"为主题，由中共厦门市委宣传部指导，厦门大学、厦门市海洋发展局联合主办，厦门大学历史与文化遗产学院承办。

11 月 18～20 日，"第六届海洋史研究青年学者论坛"在广东珠海举行。论坛聚焦"海洋社会、海洋经略与海疆治理"主题，从中外涉海人群及其海洋活动、濒海地域社会与海洋开发、国家政权与海疆治理等角度进行探讨。来自国内高校、科研机构的特邀点评嘉宾和青年学者共 70 余人参加会议。

11 月 19 日，"山东大学海洋考古高端论坛暨海洋考古学科建设研讨会"在青岛校区举行。40 余位代表参加这次论坛。

11 月 24 日，山东省社科联和青岛科技大学等单位联合举办山东社科论坛青年人才学术研讨会，主题为"一带一路"视域下的文明交流互鉴。来自全国 37 家院校和政府机构的 120 多名专家学者参会。

11 月 24 日，中国台湾的台湾海洋大学举办 2023 海洋文化国际学术研讨会，以"东亚海域交流"为总主题，并以文学、产业、迁徙、岛屿为分项主题，上百位专家学者参与。

11 月 25～26 日，全国大学生第十二届海洋文化创意设计大赛终审会暨"设计遇见海洋"论坛在厦门集美大学举办，由海洋文化创意设计发展中心、集美大学美术与设计学院、集美大学海洋文化与法律学院、集美大学教务处承办。

11 月 26 日，由海峡出版发行集团所属福建人民出版社编辑出版的《海上丝绸之路文献集成·历代史籍编》新书首发仪式暨海上丝绸之路历史文献国际学术研讨会在福州召开。《海上丝绸之路文献集成》为系统搜集、发掘、整理海内外有关海上丝绸之路历史文化的大型文献丛书，整体出版规模计划为 800 册，首批出版的《历代史籍编》共 140 册。

11 月 27～28 日，"2023 年海洋史国际学术研讨会：航海、漂流与异域见闻"在中国台湾"中研院"人文社会科学研究中心举办，30 余名专家学者参会

11 月 28 日，由福建省民族与宗教事务厅、福建理工大学联合主

办的第二届南岛语族研究学术研讨会在福建理工大学召开。近百位专家学者齐聚旗山湖畔，围绕"多学科视角下的南岛语族起源与扩散"这一主题开展深入研讨。

12月4日，由复旦大学文史研究院主办的"明清时期东部亚洲海域中的人、物、图"国际学术研讨会顺利闭幕。来自日本、荷兰、美国、法国以及中国香港、中国台湾和中国大陆各高校、研究机构共近40名学者参会。

12月9~10日，"新史料、新方法、新理论：近代中外文化交流史研究再出发"国际学术研讨会在武汉举行。来自中国、美国、英国、法国、瑞典等国内外多个学术机构的40余位专家学者以线上线下相结合的方式展开讨论。这次研讨会由华中师范大学中国近代史研究所、东西方文化交流研究中心主办。

12月10日，上海国际邮轮经济研究中心、上海工程技术大学和中欧国际工商学院与社会科学文献出版社联合发布了《邮轮绿皮书：中国邮轮产业发展报告（2023）》。报告显示，全球邮轮旅游市场需求旺盛，绿色环保邮轮市场规模增大；在中国，邮轮市场复航有序推进，本土邮轮运营能力增强。

12月15日，澳门科技大学澳门学研究中心、澳门历史文化研究会联合主办的"澳门学论坛2023暨澳门历史文化研究会第二十二届学术年会"在澳门科技大学举行，50余名学者专家参会。

12月16日，"2023气候变化与海丝申遗——海洋考古与科技"学术研讨会在广东珠海召开，140余位代表参会。研讨会由广东省文物局指导，南方海洋科学与工程广东省实验室（珠海）联合广东省文物考古研究院、广东省博物馆、天津国家海洋博物馆、交通运输部广州打捞局、广东海上丝绸之路博物馆、澳门城市大学、马来西亚马六甲历史城区（鸡场街）工委会共同举办，南方海洋实验室海洋考古创新团队承办。

12月17日，第九届新时代海洋强国建设学术研讨会在浙江省舟山市举行。此次研讨会由舟山市委宣传部、浙江海洋大学和舟山市社会科学界联合会共同主办，来自国内70余个高校、科研院所的180余位嘉宾代表现场参会。此次研讨会以"以中国式现代化引领海洋强国建设"为主题。

12月22日，《海洋经济蓝皮书：中国海洋经济分析报告（2023）》发布仪式在青岛举行。该书由中国海洋大学、国家海洋信息中心课题组联合编制，是该系列书籍的第三本。

三　会展活动

1月9日，以"扬帆自贸　共智创新"为主题的第三届海南自由贸易港邮轮游艇产业创新发展研讨会在三亚顺利召开，百余名国内相关行业专家学者、邮轮游艇产业链企业代表以及政府部门代表参会。

3月27日，作为2023山东省旅游发展大会的重要活动，由山东省交通运输厅、山东省文化和旅游厅、青岛市人民政府、山东省港口集团主办的山东邮轮旅游发展论坛在青岛国际会议中心举办，会议主题为"仙境海岸，'邮'此启航"。

4月21日，2023"宋元中国·海丝泉州"海洋文化年启动仪式暨城市品牌标识发布活动在惠安县崇武古城举行。这一活动由中共福建省委宣传部指导，中共泉州市委宣传部、泉州市文化广电和旅游局、泉州市海洋与渔业局、中共惠安县委、惠安县人民政府主办，中共惠安县委宣传部、泉州市艺术馆、泉州广播电视台无线泉州、崇武镇党委、崇武镇人民政府承办，惠安县文旅集团协办。

5月21日，平潭"星辰大海浪漫岛"生活周暨2023年"5·19中国旅游日"平潭分会场活动在平潭龙王头海洋公园正式启动。前后为期十天，还将开展"68海里平躺青年计划"、房车体验官"不

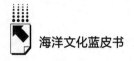

负春光不负卿"等多项子活动。

5月21日,在第23个国际生物多样性日来临之际,"第六届国际儿童海洋节·中国深圳"在深圳市宝安区正式启动。这次主题为"生态海洋,童行未来",包含海洋生态嘉年华、粤港澳大湾区海洋绘本绘画艺术展、海洋公益自然课堂、《童行未来》海洋公益净滩活动、《童行未来》海洋公益守护红树活动、站前町COOL夏海洋嘉年华、凡乐学生音乐会等持续三个月的系列公益活动。

5月28日,中国帆船发展交流会在秦皇岛北戴河新区远洋蔚蓝海岸举行。同期举办首届帆船器材装备交流会,展商共48家,包括船艇器材及配件、航海装备、安全救生器材及用品展商等。

6月2~4日,2023海峡(福州)渔业周·中国(福州)国际渔业博览会成功举行。这届渔博会规模达5万平方米,吸引来自15个国家及地区的企业报名,共计近500家企业参展。现场开设中国海洋食品产业福州峰会、海洋(渔业)碳汇高峰论坛、第二届中国水产预制菜产业高峰论坛暨水产预制菜加工与设备论坛、深远海养殖高质量发展科技创新论坛、第五届中国·闽台休闲渔业论坛、21世纪海上合作委员会"海洋经济与双碳战略"主题论坛、福建省正餐行业协会换届大会暨"2023年闽餐发展高峰论坛"等。

6月28日,以"'海洋十年'和合共生"为主题的2023东亚海洋合作平台青岛论坛开幕。论坛由自然资源部、山东省人民政府主办,自然资源部国际合作司、青岛市人民政府承办,青岛西海岸新区管委执行。设置了海洋生态环境保护修复与防灾减灾论坛、深海保护与利用论坛、2023国际蓝碳论坛等9个分论坛,国家管辖外海域生物多样性养护和可持续利用协定成就和展望国际研讨会、2023东亚海洋博览会同期举行。

7月22日,第三届东北亚海洋发展合作论坛在吉林省长春市举行。来自中国、俄罗斯、日本、韩国的官员、学者、企业界人士和媒体代表100余人参加了论坛。此次论坛是第十四届中国-东北亚博览会的组成活动之一。

8月8~31日，由福建省文化和旅游厅、平潭综合实验区管委会主办的2023"海岛生活季"在平潭举办。活动主题为"来福建，游海岛，邂逅平潭慢生活"，设有"星辰大海"浪漫之旅体验活动、蓝眼泪音乐节、U18女子垒球亚洲杯等18项子活动。

8月11~20日，2023第十五届青岛国际帆船周·青岛国际海洋节在青岛奥帆中心盛大启幕。这届帆船周·海洋节由中国帆船帆板运动协会、北京奥运城市发展促进会、青岛市人民政府共同主办，以"传承奥运、扬帆青岛，活力海洋之都、精彩宜人之城"为主题。推出帆船赛事、海洋休闲旅游、文化活动仪式、奥林匹克帆船文化交流、帆船与海洋产业、帆船普及等6大板块30项活动。

8月13~20日，2023年第九届琼海潭门赶海节在海南省琼海市潭门镇举办。这届以"闯出一片海，潭门数千载"为活动主题，包括"潮起潭门""潮go（购）潭门""潮玩潭门""潮动潭门""潮趣潭门"五大主题板块、15项主题活动。

8月18~25日，2023胶东海洋童玩季在青岛举办。此次活动以"蓝色童年"为主题，以亲子研学游为核心，定位九大主题分会场，开展2023暑期海洋亲子研学+旅游的全面模式。

8月28~29日，2023年东北亚邮轮产业国际合作会议暨第十一届中国（青岛）国际邮轮产业大会于在青岛成功举行。这届会议以"加快中国邮轮全面复航，推动亚洲邮轮产业合作共赢"为主题，会上发布了《东北亚邮轮产业国际合作青岛倡议》。

9月9~10日，以"保护海洋生态环境 建设海洋生态文明"为主题的2023海洋保护大会在山东省荣成市召开。大会聚焦陆海统筹与协同共治，促进形成全民参与海洋生态文明建设的社会氛围。大会由中华环保联合会、民革中央人口资源环境委员会主办。

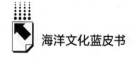

9月18日，由广西壮族自治区人民政府、自然资源部共同主办的第一届中国-东盟国家蓝色经济论坛在广西北海开幕。该论坛是中国-东盟博览会高层论坛之一，主题为"携手发展蓝色经济，共创向海繁荣之路"。

9月23日，以"共促蓝色发展，共迎蓝色未来"为主题的第二届中国-欧盟"蓝色伙伴关系"论坛在深圳举行，论坛由自然资源部、农业农村部和欧盟委员会共同主办，广东省人民政府协办，深圳市人民政府承办，近200人出席论坛。

9月25日，由江苏省人民政府、自然资源部、国家林业和草原局共同主办的2023全球滨海论坛会议在江苏盐城召开。这次会议主题为"绿色低碳发展　共享生态滨海"，来自34个国家的近千名代表参加。开幕式上发布了《全球滨海论坛伙伴关系倡议》，推出了《全球滨海生态系统状况报告纲要》等论坛旗舰知识产品，世界自然保护联盟等21家机构成为全球滨海论坛合作伙伴。

10月12~15日，由福建省人民政府、工业和信息化部、交通运输部联合主办的2023世界航海装备大会在福建省福州市举行。这次大会以"承载人类梦想　驶向星辰大海"为主题，举办1个开幕式暨主论坛、6场专题论坛、1个成果展以及若干同期活动。

10月13日，由浙江省人民政府主办，浙江省文化和旅游厅、舟山市人民政府承办的2023国际海岛旅游大会在舟山国际会议中心开幕。开幕式上，大会发布了《2023世界海岛旅游产业创新报告》，同时举行了浙江省十大海岛公园重大投资项目现场签约仪式。

10月17~23日，由辽宁省文化和旅游厅、大连市人民政府主办，大连市文化和旅游局、长海县人民政府、大连市海岛非物质文化遗产研究与保护中心共同承办的2023海岛非物质文化遗产交流展示周活动在大连举办。活动以"和美·渔火"为主题，来自国内6省9市12个海岛县（区）的68个非遗项目齐聚大连展示。

10月18日，第三届"一带一路"国际合作高峰论坛海洋合作专题论坛在北京举行。来自共建国家政府部门、科研机构、大学和企业，以及相关国际组织代表等共约200人参加了论坛。论坛发布了《"一带一路"蓝色合作倡议》及"一带一路"蓝色合作成果清单。

10月25～27日，2023 Seatrade亚太邮轮大会（2023 Seatrade Cruise Asia Pacific）疫情后首度复办。会议共吸引全球各地约300名邮轮业界领袖参会，为全亚洲最大型的游轮业界会议。

11月3日，首届"广州海洋周"开幕式在广东省广州市举办。这次活动由广州市规划和自然资源局（广州市海洋局）举办，涉海政产学研媒各界约200名代表与会。海洋周期间，"广州，向海出发"海洋城市主题展、"影"见蔚蓝海洋摄影展、蓝色畅想海洋绘画展在广州市城市规划展览中心举办。

11月4日，2023大鹏新区海洋文化节暨"非遗在社区"开幕式在深圳大鹏所城北门广场举行。此次文化节包括航海嘉年华及文旅消费周两大部分，举办第十五届"中国杯"帆船赛、2023未来时海洋音乐季、可道KEDAO X HONG艺术展、中国传统帆船模型展、未来时海洋生活方式展、海洋鲸豚保护公益项目、首届中国（深圳）箱房及户外用品博览会、大鹏非遗文化展演秀等系列活动。

11月8～9日，2023年海洋合作与治理论坛在海南三亚举办。论坛由海南华阳海洋合作与治理研究中心、中国南海研究院、中国海洋发展基金会联合主办，来自全球30多个国家和地区的300余名专家学者、国际组织及涉海部门代表出席。

11月9日，2023厦门国际海洋周开幕式暨厦门国际海洋论坛在福建厦门开幕。这届海洋周以"打造蓝色发展新动能共筑海洋命运共同体"为主题，由厦门市人民政府、自然资源部、厦门大学、联合国开发计划署驻华代表处、东亚海环境管理伙伴关系组织共同主办，设有海洋大会论坛、海洋专业展会、海洋文化嘉年华等3大板块，共策划了 40 余项精彩纷呈、内涵丰富的活动。

11 月 16~22 日，由福建省文化改革发展工作领导小组办公室主办，福建国际传播中心（台港澳传播中心）和紫荆杂志社承办的"福·海"闽港海洋文化精品展在香港西九龙高铁站开展。展览为闽港海洋文化周的配套活动。

11 月 17~19 日，第八届世界妈祖文化论坛暨第二十五届中国·莆田湄洲妈祖文化旅游节在福建省莆田市湄洲岛举行。论坛以"大爱和平，文明互鉴"为主题，主要包含论坛开幕式、首批国家级非物质文化遗产——妈祖祭典、"妈祖文化与海洋文明"分论坛等内容。

11 月 23 日，2023 中国海洋经济博览会在广东省深圳市启幕。这届海博会主题为"开放合作共赢共享"，来自 16 个国家和地区的 658 家海洋领域重点企业、机构和组织报名线下参展。博览会期间还将举行全球海洋中心城市论坛和超过 20 场专业论坛。深圳国际海洋周活动同期启动，主题为"同一片海洋同一个梦想"，举办一系列近海、亲海、乐海、爱海的海洋文化公共活动。

11 月 24 日晚，由广东省文化和旅游厅、珠海市人民政府共同主办的 2023 广东旅游文化节开幕式暨大型主题文艺演出在珠海市举行。文化节以"活力广东　时尚湾区"为主题，突出滨海旅游特色，设有开幕式暨大型主题文艺演出、湾区美食推介活动、2023 年两广城市文化和旅游合作联席会议、主会场城市文旅资源考察等。

11 月 25~27 日，2023 第十六届中国邮轮产业发展大会在深圳南山举办，中国邮轮游艇游船产业联盟同时揭牌。此次大会的主题为"深圳扬航，邮遍全球"，同期举办了政策与经济论坛、行业领导者论坛、邮轮港口沙龙、邮轮修造及配套产业论坛、邮轮人才教育与发展峰会等系列活动，400 余名嘉宾与会。

11 月 25 日，第五届区域海洋高质量发展论坛在江苏省连云港市举办。论坛主题为"发展壮大海洋产业，打造现代化海洋强市"，由江苏省哲学社会科学界联合会、江苏海洋大学主办。

11月27日~12月2日，2023年"文化北海"建设活动周开幕式在广西北海市举行。活动周以"赓续海丝文脉、展现向海文化"为主题，9个艺术门类30项文化活动上演。

12月1日，2023年（第二十四届）海南国际旅游岛欢乐节在海南国际会展中心欢乐开启，2023年（第八届）海南世界休闲旅游博览会、2023年（第九届）海南国际旅游美食博览会、2023年（第四届）海南国际旅游装备博览会（CTEE）同时开馆。三大展会吸引了10余个国家和地区、20多个省市以及300多家国内外商协会、企业参展。

12月5~9日，第21届中国国际海事会展在上海新国际博览中心举办。这届会展整体规模创历届之最，共吸引超过30个国家和地区的2000多家企业参展，约42%为境外企业。

12月30日，2023第八届三亚国际文化产业博览交易会开幕。本届文博会以"传承海洋文化，创享美好生活"为主题，展览面积约1万平方米，有来自19个省市区的109家企业参展。

四　风俗庆典

4月22日，2023中国·荣成海洋民俗文化月暨渔民节在荣成市成山头隆重开幕。举办千人祭日大典、成山头吃会等传统民俗节庆活动，民俗旅游、非遗展览、非遗美食等群众性文化活动。

6月18日，2023舟山群岛·中国海洋文化节暨休渔谢洋大典在浙江省舟山市岱山县中国海坛举行，来自岱山县各乡镇的320余位渔民代表参加。活动从2005年至今，已举办17届。

7月30日，2023中国·日照东方太阳城第五届（涛雒）渔民文化节成功举办。现场举办了龙王巡游、拜海仪式、趣味挑战赛等

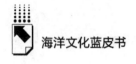

活动。

8月15日，2023年第九届潭门赶海节在琼海潭门老渡口开幕。这届赶海节以"闯出一片海，潭门数千载"为主题，推出"赶海+研学""赶海+市集""赶海+音乐""赶海+消费节"等15项主题活动。

8月16日，福建省首届开海文化季在省委和省政府组织下正式举办，这次文化季以"福见扬帆，渔海同乐"为主题，寓意着开渔时渔民与大海双向奔赴的快乐，承载着渔获丰收、人船平安的美好祝愿。这次文化季共设立六个会场，以泉州主会场，福州、漳州、莆田、宁德、平潭为分会场。

8月16日，第二十一届南海（阳江）开渔节开渔令活动在海陵岛闸坡国家级中心渔港举行。

9月16日，2023中国农民丰收节系列活动暨第二十六届中国（象山）开渔节在宁波象山石浦港举行。

9月16日，第六届中国农民丰收节·洞头开渔节在东沙村举行。

9月27日~10月6日，2023年福州（连马）鱼丸文化节在福州市连江县潘渡镇举行。此次活动由福州市海洋与渔业局、连江县委、连江县政府等单位主办，以"福'鱼'有约'丸'转连江"为主题。

11月10日，2023年第十三届深圳市沙头角鱼灯节非遗展演活动在盐田会堂拉开帷幕，精选的10个优秀非遗类节目，全方位展现非遗文化的独特魅力。

11月17日，一年一度的盐田疍家文化节在盐田街道翡翠岛广场拉开大幕。现场举办文艺演出、夜市专场、品尝疍家美食等活动。

11月24~26日，第七届中国（宁德）大黄鱼文化节在福建省宁德市举办。此次活动以"山海宁德　黄鱼之都"为主题，由中共宁德市委、宁德市人民政府、中国渔业协会共同主办。活动同期还举办了夜捕启航大典、展示展销会、海洋渔业与文旅高质量发展论坛、品牌之旅、八闽美食嘉年华、宁德大黄鱼好物推荐等系列活动。

12月17日，"海峡两岸（厦门）厦港送王船文化节"活动成功举办。王船从沙坡尾厦港海洋文化展示厅出发，大鼓凉伞、宋江阵、车鼓弄、拍胸舞、哪吒鼓乐等丰富多彩的闽南民俗阵头穿插在踩街的队伍中。

五　公益科普

5月12日，这是我国第15个"全国防灾减灾日"，2023年的海洋防灾减灾主题为"防范海洋灾害风险护航高质量发展"。由自然资源部东海局、国家海洋环境预报中心、国家海洋信息中心、自然资源部海洋减灾中心、浙江省自然资源厅和温州市人民政府共同主办的全国海洋防灾减灾宣传主场活动在浙江洞头举行。

5月18日，中国航海博物馆视频号在"国际博物馆日"推出以"探索海洋"为主题的云看展，带领观众云游海洋展区，从海洋地理、海洋生物、海洋开发、海洋保护等方面向市民科普海洋自然知识。

6月4日，大连市2023年"6·8世界海洋日暨全国海洋宣传日及第七届大连海洋文化节"启动。此次活动指导单位为自然资源部北海局，主办单位为大连海事大学、大连海洋大学、自然资源部大连海洋中心、辽宁省国防教育基金会。

6月6日，广东省自然资源厅在湛江举办2023年世界海洋日暨全国海洋宣传日主场活动，召开新闻发布会对《广东海洋经济发展报告（2023）》《2023广东省海洋经济发展指数》进行解读并答记者问。同期举办"保护海洋生态系统　人与自然和谐共生"为主题的荧光夜跑音乐节、"海洋集市"、广东海洋大学首期"海洋大课堂"等系列活动。

6月6日，2023第九届全国"放鱼日"山东主会场、第二届全国"碧水责任·云放鱼"暨威海市第四届海洋放鱼节活动在威海荣成市举行。参与活动的嘉宾、志愿者、游客以及市民放流中国对虾、褐牙鲆等各类苗种117万尾。

6月7日，江苏省2023年世界海洋日暨全国海洋宣传日主场活动在盐城市举行。活动现场为海洋科普教育基地授牌，公布"魅力海洋　美丽江苏"创意征集活动获奖作品，发布征集世界海洋日江苏吉祥物公告、保护海洋生物多样性倡议书和2023江苏海洋经济发展指数、2022年江苏省海洋灾害公告，并举行全省海洋科普展馆联盟签约仪式。

6月8日，以"保护海洋生态系统　人与自然和谐共生"为主题的"世界海洋日暨全国海洋宣传日"主场活动在广东汕头拉开序幕。活动现场发布了和美海岛评选结果，揭晓了2022年度"海洋人物"评选结果。"海洋人物"进校园、自然保护公益沙龙、全国大中学生海洋文化创意设计大赛获奖作品展等配套活动相继展开。

6月8日，由上海市水务局（上海市海洋局）、上海市奉贤区人民政府共同主办的上海市2023年"世界海洋日暨全国海洋宣传日"主场活动在奉贤顺利举行，活动主题为"奋楫争先经略海洋"。同日举行以"向海图强、加快建设现代海洋城市"为主题的2023上海海洋论坛，并开展了"携手看海去"2023年"世界海洋日"上海青少年海洋知识传播行动、青年绿色营生态研学活动、海洋增殖放流、普法宣传、净滩公益、云课堂等系列宣传活动。

6月8日，由河北省自然资源厅、河北省地质矿产勘查开发局共同主办的2023年世界海洋日暨全国海洋宣传日河北主场宣传活动在秦皇岛市河北农业大学海洋学院举行。

6月8日，2023年世界海洋日暨全国海洋宣传日山东主场宣传活动在日照市举行。活动现场启动了山东省第二届"守护蔚蓝海洋"公益海报设计大赛、"我和海洋的故事"征文与绘画大赛和山东省第三届中小学生海洋知识竞赛三个比赛项目，并举办了《向海而生》海洋科普节目集中发布仪式以及海洋书籍、画册和音像制品赠送仪式。

6月8日，2023年世界海洋日暨全国海洋宣传日广西主场系列活动在南宁举办。主场活动发布了《2022年广西海洋经济统计公报》和《2022年广西海洋生态蓝皮书》，举办了向海经济讲坛、向海经济成果展、"壮美广西·多彩海洋"主题摄影优秀作品展、"海洋知识进校园"互动日等系列活动。

6月8日，深圳市"蔚蓝深圳·无限畅享"海洋日主题活动在大鹏新区大鹏所城举行。现场举办了青少年宣读"海洋发展倡议"、海洋主题公开课、海洋主题摄影作品展、海洋主题集市等系列活动。同日还举办了深圳海洋综合执法船市民开放、大鹏湾畲吓对开海域放生、"关注蓝色生态、共筑和谐海洋"大型直播等系列活动。

6月8日，东南卫视推出首档海洋文化类知识交互节目《海洋公开课》，全网传播量超1.7亿。节目从海洋国土、海洋经济、海洋科技、海洋文化、海洋生态等角度全方位展开。

7月11日，以"扬帆新丝路　奋楫新格局"为主题的2023年中国航海日主论坛暨全国航海日活动周启动仪式在河北省沧州市举办。同步举行青少年航海书画获奖作品展、全国航海科普知识竞赛以及"全国航海科普周"系列活动等，沧州市还组织了黄骅港历史成就展、"大篷车"航海日特色宣传活动、"河海文化"进校园活动等23项特色活动。

7月20日，由生态环境部宣传教育中心、中国社会科学院生态文明研究所、宁波市生态环境局、宁波市象山县人民政府共同主办的2023海洋生态文明主题宣传活动在浙江省宁波市象山县举办。现场启动海洋生态文明宣传教育基地、青少年海洋生态环保科普教育基地和国际海洋生物多样性友好体验营地建设，发布了《海洋生态文明建设象山宣言》，并举办了"象山海洋生态文明成就展"。

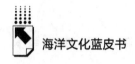

8月15日，我国迎来首个全国生态日。福建省生态环境厅联合福建省海洋与渔业执法总队、自然资源部海岛研究中心、福建省地质测绘院及平潭海防、生态环境等部门，以"加强海洋保护，建设美丽海湾"为主题，共同开展"全国生态日"海洋生态环境保护宣传活动，并以此为契机开展省级美丽海湾评选。

9月15日，"爱海洋，向未来"——五缘湾蓝色市民公众活动在厦门市五缘湾感恩广场举办。此次活动为APEC蓝色市民能力建设培训研讨班系列活动之一，研讨班代表、厦门市集美区乐海小学和厦门市滨海小学师生与部分家长以及志愿者400余人参加。

9月23日，由中国海洋发展基金会主办的"第七届全国净滩公益活动"在我国沿海城市拉开序幕。各地围绕"凝聚智慧与社会力量，助力海洋高质量发展"主题，以净滩活动为主线，同步开展国家安全教育、促进海洋经济、保护生态环境、科普海洋知识、垃圾回收利用、弘扬海洋文化等活动。

11月18日，厦门大学在翔安校区举办了第十二届海洋科学开放日。活动向公众开放实验室，并举办了系列科普讲座、"海洋青年说"青少年演说大会，以及趣味实验课堂等丰富多彩的活动。当天超10000名参访者走进厦大，创参访人数新高。

11月23日，厦门大学海洋与地球学院携手中国海洋发展基金会在宁夏隆德县第一小学举行海洋图书馆、海洋科普实践基地揭牌仪式，这是自治区第一所海洋图书馆。仪式结束后，中国自然资源报社团委书记高悦和海洋与地球学院国重第三研究生党支部和学院"山海之约"实践队给同学们做了海洋科普讲座。

六 教育研学

1月10日，2022年全国大学生海洋旅游创意设计大赛总决赛的线上评审成功举办。此次大赛决赛由中国海洋大学、全国涉海高校教务联盟、中国太平洋学会海岛旅游分会、唐山市文化广电和旅游局、唐山师范学院联合主办，中国海洋大学管理学院承办。大赛吸引了来自全国100余所高校、1100多支队伍、5000余名学生报名参加，提交作品700余件。

2月16日，"2022年我爱海洋'双讲'活动大赛"云颁奖仪式在北京举行，大赛由中国海洋发展基金会举办。此次"双讲"活动大赛历时6个月，由"讲好一堂海洋课"教师教学比赛和"讲出我的海洋梦"学生演讲大赛组成，共收到25所"海洋育苗项目"学校推送的129个作品。

3月10日，由中山大学海洋科学学院与珠海市海洋资源保护开发协会主办的"人与海洋 和谐共生"长园杯第十二届珠海海洋知识竞赛颁奖仪式举办。自2022年6月启动以来，吸引了3万余人次参加网上答题。

3月21日，2023"海定山舟"海洋研学论坛暨海洋科技夏令营发布会在浙大圆正海际酒店召开，来自全国各地约百名行业代表参加会议。"海定山舟"是全国首个海岛型研学品牌，推出了集科普探究、户外拓展、爱国教育、素质体验为一体的学习型旅游产品。

4月8日，来自北京的20余名师生代表与刚刚完成南极考察任务的"雪龙2号"船亲密接触。

4月18日，中国海洋学会在厦门举办的2023海洋学术（国际）双年会上发布《海洋研学导师等级划分及评价方法》《海洋基地（营地）等级划分及评价方法》等标准。这是我国首批制定的海洋研学标准。

4月21日，2023年山东省海洋科普讲解大赛决赛在山东教育电视台演播厅举行。此次大赛以"走进海洋，共建蓝色家园"为主题，由山东省海洋局主办，省海洋科学研究院、山东教育电视台、中国工

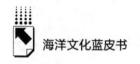

程科技发展战略山东研究院承办。共有16名选手参加此次决赛。

5月17日，黑龙江极地海洋研学教育基地——"淘学企鹅"馆开工仪式暨"淘学企鹅"哈尔滨新区分享官授牌仪式在哈尔滨极地公园举行。该基地由哈尔滨极地公园与哈尔滨工程大学海洋文化馆联合共建，是全国首家极地海洋研学教育基地。

7月20日，深圳海洋大学（一期）建设项目动工仪式在大鹏新区坝光片区举行。

7月25日，"洋楼+海洋文化"博物馆游径签约活动暨"海洋文化·艺术探索双驱之旅"暑期研学营开营活动在天津国家海洋博物馆举办。"洋楼+海洋文化"博物馆游径是国家海洋博物馆和天津数字艺术博物馆联合推出的官方合作项目，"海洋文化·艺术探索双驱之旅"研学营为首发产品。

7月28日，福建省人民政府办公厅印发《关于进一步推动职业教育服务经济社会发展十条措施的通知》，其中提到"十四五"期间力争完成福建船政交通职业技术大学、厦门海洋职业大学设置工作。

8月14日，威海海洋科技馆开馆暨2023山东省研学旅行创新线路设计大赛海洋研学选拔赛启动仪式在环翠区远遥浅海科技湾区隆重举行。威海海洋科技馆是国内首个独具特色的海洋主题科技类展馆，总面积1.6万平方米，主题为"我们身边的海洋"。

8月18日，2023第三届中国研学旅行及教育产业博览会在青岛国际会展中心举办。大会以"沿着黄河遇见海"为主题，在版块设置上突出黄河流域生态保护和高质量发展、海洋研学、红色研学等主题。

8月20~24日，中国科协青少年科技中心、中国青少年科技教育工作者协会组织来自全国各地的中小学科技教师，到中国科学院海洋研究所开展"海洋科学"科普研修活动。通过专家与中小学科技教师深度互动和交流，拓宽教师们的海洋科学视野、提升科学思维、拓展科学实践方法。

8月23日，"热爱海洋，逐梦青春"2023年海峡两岸青少年海洋科技文化节开幕式暨海峡两岸青少年海洋科技文化研习营在厦门集美拉开帷幕。文化节是教育部对台教育交流重点项目，活动为期7天，设有海洋科技文化研习营和首届海洋科技文化主题摄影大赛两项活动。

9月1日，自然资源部第二海洋研究所与哈尔滨工程大学签署战略合作协议。双方将充分发挥各自在科学研究、技术创新和工程应用领域的优势，全面开展科学探究、人才培养、平台建设等方面的务实合作。

10月26日，第二届全国智慧海洋大数据应用创新大赛（2023）晋级赛10强名单出炉。大赛自9月启动以来，吸引了全国涉海高校、科研院所、业务机构和技术企业等86个团队和个人踊跃报名，收到作品42件。

10月29日，由中国海洋大学海洋与大气学院主办的"海洋气象教育共同体"成立大会在山东省青岛市召开。全国15所高校、5家业务单位和4个科研院所的60余名代表参会。

11月9日，第14届全国海洋知识竞赛在福建厦门正式启动。本届竞赛由自然资源部宣传教育中心、中国海洋发展基金会、国家海洋局极地考察办公室、中国大洋矿产资源研究开发协会（中国大洋事务管理局）、海洋出版社有限公司、福建省广播影视集团共同承办，主题为"保护海洋　人与自然和谐共生"，分公众组和大学生组开展。

11月17日，在浙江宁波举办的2023首届海洋科技战略与创新人才培养研讨会上，宁波大学海洋教育研究中心、华中师范大学国家教育治理研究院、中国海洋大学高等教育研究与评估中心、全国海洋教育研究联盟等机构联合发布了2024版《中国海洋教育机构索引》，

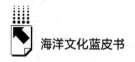

共有 150 家海洋教育相关机构列入榜单。

11 月 24 日，2023 第四届山东省研学旅行创新线路设计大赛暨首届山东省研学旅行指导师技能大赛颁奖典礼在山东大厦举办。这届研学大赛以"读万卷书　行万里路"为主题，历时 5 个多月，共收到作品 6000 余件；指导师技能大赛项目为首次设立，有 500 余位选手报名。

12 月 8 日，第十届浙江省海洋知识创新竞赛海洋知识类大学生组竞赛总决赛在浙江海洋大学举行。这次大赛由浙江省自然资源厅、浙江省教育厅、共青团浙江省委员会、浙江省学生联合会主办，自今年 8 月启动以来，吸引了全省 1.5 万名大学生踊跃参赛。

12 月 8 日，在广西海洋科普和意识教育基地建设座谈会上，广西第三批共 9 家海洋科普和意识教育基地获得授牌。至此，广西累计建立 28 家海洋科普和意识教育基地。

七　海洋文艺

3 月 13~16 日，威海火龙传媒拍摄制作的海洋主题 4 部电影亮相 2023 年香港国际影视展，分别为《大洋深处鱿钓人》《大洋追鱼记》《大洋上的风筝》《呼吸·天鹅湖畔》。

3 月 29 日，2023 年洞头区文化馆渔民画研讨会暨"我为海上花园添光彩"渔民画创作布置会在文化馆二楼美术辅导室顺利召开，20 多位渔民画团队作者、洞头区美术家协会骨干等与会。

3 月 30 日，由中国外文出版发行事业局、中国海洋发展基金会主办，中国海洋发展基金会科教文化部、中国互联网新闻中心承办的 2022"讲好中国故事"创意传播大赛海洋强国主题赛公布了获奖名单。这次主题赛评选出获奖作品 26 件，包括 15 件视频作品和 11 件图文作品。

4月14日，第三届"关爱海洋"融媒体大赛公布获奖作品。这届大赛以"人文之海、多面蔚蓝"为主题，以海洋影像及图文作品为征集方向，共收集到来自全国逾700名创作者的3000多件作品，最终共计159件作品入围、15件获奖。

4月20日，"面朝大海，心向未来"深圳海洋诗歌季的收官之作——"海边雅集·名家对话"和"海上生明月"深圳海洋诗歌季音乐会在深圳市盐田区举行。

6月8日，中国自然资源报社"i自然"全媒体传播平台推出直播节目《来自和美海岛的请柬》，邀请观众走进i自然直播间，一起聊聊关于和美海岛的那些事。

6月10日，"致敬海洋科考　探索艺术融合"——6·8世界海洋日·海洋演说大会暨舞剧《海上夫人》艺术分享在厦门闽南大戏院顺利举办。活动通过"一线海洋科学家×艺术家"搭配的演说队伍，探索海洋与艺术的融合。

6月18日，"在香港读海洋：主题沙龙暨'香港·文学·海洋'阅读平台发表会"在香港举办。平台由香港教育大学文学及文化学系主办，香港岭南大学中文系与恒生大学中文系协办，网址为：https：//www.oceanlithk.com/。

7月1日，由宁波市演艺集团与象山县人民政府联合出品，国内首个滨海场景演艺秀——"渔光之城"在石浦海峡广场首次亮相。该演艺秀以2022年发生在象山海边的"巨鲸救援"真实事件切入，主要通过"目集山海""云中观复""万象合一""大方无极"四大篇章，以"数字文旅+演艺"的方式演绎"鲸"与"城"共生的故事。

7月1日，海洋科幻电影《海洋传奇》上映。该片讲述了聪明伶俐但不爱学习的11岁少年小海，与极地世界海洋馆表演明星海狮"糖果"，意外互换灵魂后而引发的奇幻精彩的传奇历险故事，累计

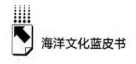

票房 28 万元。

7 月 3~6 日，首届海丝国际纪录片大会在福建泉州举办，来自法国、英国、加拿大、日本、柬埔寨等 40 多个国家和地区的 400 多名国际组织负责人、知名国际纪录片节展主席、主流播出机构负责人、纪录片导演和制片人参加大会。

9 月 22 日，东海云廊·2023 中国定海海洋文化创意设计大赛开始作品征集，分为实物产品和创意方案两个类别。

9 月 25 日，由辽宁省教育厅主办的第二届"星海奖"大学生海洋文化创意设计大赛正式启动。这次大赛以"可持续的海洋"为主题，分为视觉设计、装设计、文创设计、数字影像、环境设计、服务设计六大板块。

9 月 29 日，《小美人鱼之大海怪传说》上映。片子讲述了小美人鱼公主历经各种冒险，误打误撞与传说中的大海怪成为了好朋友，但却遭到了海洋巫师的百般阻挠，最终收获新的友谊、拯救了海洋。累计票房 645 万元。

10 月 24 日，第二届中国·霞浦海洋诗会在霞浦县长春镇下尾岛举办。这届诗会由中国作协、福建省委宣传部、宁德市委指导，《诗刊》社、中国诗歌网、福建省文联、宁德市委宣传部、霞浦县委县政府主办，期间举办了"抒写时代　奔向蔚蓝"诗歌主题研讨会和鲁迅文学奖获得者、霞浦籍诗人汤养宗的诗集《伟大的蓝色》首发式。

11 月 4 日，第六届粤港澳海洋生物绘画比赛颁奖礼在广州海珠国家湿地公园举行。粤港澳三地共收到参赛作品 6217 份，主办方从中精选出 184 幅获奖作品向公众展出。

11 月 5 日，第二届"盐田海洋图书奖"获奖名单在第二十四届深圳读书月盐田区分会场揭晓，《生命的海洋》《海洋之间的欧洲》《深潜》《造舟记》《潮汐图》《1808：航向巴西》《海错图笔记·肆》

分获灯塔奖、华文原创奖、湾区之光奖等八大奖项。

11月8日，由《中国摄影》杂志社、霞浦县人民政府、福建省摄影家协会共同举办的"2023首届中国（霞浦）自驾旅游产业发展大会暨海洋文化摄影周"在霞浦福宁文化公园拉开帷幕。这次摄影周以"与海共生"为主题，汇集大型展览、影像专家见面会、摄影名家大讲堂、主题研讨会、放映会、创作采风等众多活动。

11月21~27日，2023年洞头·瑞安文化走亲暨洞头渔民画展在瑞安市图书馆一楼展厅展出。此次展览共展出30幅洞头优秀渔民画作品，主要反映洞头渔业生产、渔民生活、渔村风光等内容。

12月8日，中国（洞头）渔民画文创设计大赛优秀作品展在温州大学美术馆举办。大赛由温州大学、温州市洞头区人民政府、温州市文学艺术界联合会主办，涉及文创产品设计类、平面创意设计类、数字媒体设计类三大类别。

12月26~27日，中国太平洋学会公布2023年度国家级优秀海洋期刊及图书推荐目录。

八　体育赛事

3月19~26日，招商维京游轮"8日东南海岸文化之旅"（深圳—厦门—舟山—上海）航线顺利完成今年首个航次的运营。该航次由首艘中国籍豪华邮轮"招商伊敦号"执航，是交通运输部开展打造国内水路旅游客运精品航线试点中唯一的邮轮航线。

3月29日，交通运输部办公厅印发《国际邮轮运输有序试点复航方案》，试点水路口岸暂定上海、深圳邮轮港口。

3月30日，招商维京游轮宣布推出以深圳或上海为母港、深度探游日本的"15日和风雅韵日本环线之旅"航线，成为国内首家宣布恢复运营由中国内地母港出发的国际航线的邮轮企业。

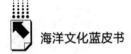

5月10日，"招商伊敦号"邮轮顺利靠泊温州港，近300名来自全国各地的游客开启在洞头的海岛风情游。"招商伊敦号"是首艘挂靠温州港的国内邮轮，标志着在时隔四年后温州港恢复了中断的邮轮航线业务。

5月14日，2023上海邮轮港国际帆船赛在宝山顺利落下帷幕，来自国际、国内的20支顶尖职业和业余帆船队选手参赛。

5月14日，"中国体育彩票"2023年全国风筝板冠军赛在海南琼海博鳌收官。本次赛事共设男、女水翼风筝板级，男、女双向风筝板U20级4个组别，来自全国各省市、地区的12支代表队的选手在5天内激烈角逐。

5月15日起，天津、辽宁大连、上海、江苏连云港、浙江温州和舟山、福建厦门、山东青岛、广东广州和深圳、广西北海、海南海口和三亚等13个城市的邮轮口岸实施外国旅游团乘坐邮轮入境免签政策，并配套推出支持促进邮轮产业发展若干措施。

5月15日，皇家加勒比游轮宣布完成2024年国际邮轮航线在华部署，旗下超大豪华邮轮"海洋光谱号"将于2024年4月重返上海，是《国际邮轮运输有序试点复航方案》发布之后，首家宣布重返中国市场的国际邮轮头部企业。

5月20日，首届中国−中东欧国际帆船赛在宁波东钱湖开幕。来自世界各地的22支队伍、200余名专业选手展开激烈角逐。

5月22~25日，2023年全国帆船锦标赛（ILCA6级&ILCA7级）暨ILCA6&7级亚运会选拔赛在北戴河新区远洋蔚蓝海岸扬帆开赛。

5月26日，"蓝梦之星号"邮轮在上海吴淞口国际邮轮港开启试航之旅，标志着上海母港国际邮轮航线正式重启。

6月9~11日，中国霞浦休闲海钓大赛总决赛在霞浦四礵列岛和三沙海域举行。来自全国各地及港、澳、台同胞共156名选手参赛。本届海钓赛竞赛形式为浮游矶钓，赛事共设置对象鱼（鲷类）团体总成绩、对象鱼（鲷类）个人总成绩、对象鱼（鲷类）个人单尾重量和综合鱼（非鲷类）个人单尾重量四个项目。

6月11日，2023年中国威海HOBIE帆船公开赛在威海国际海水浴场落幕，此次比赛共有来自5个国家和地区、国内13个省份的40支船队参赛。

6月15日，中船嘉年华邮轮有限公司正式宣布公司名变更为爱达邮轮有限公司，与其邮轮品牌名称"爱达邮轮"保持一致。

6月29日，地中海邮轮旗下"亚洲旗舰"荣耀号抵达深圳蛇口邮轮母港，这是首艘享受入境免签政策的国际邮轮。此次靠泊标志着地中海荣耀号成为疫后深圳复航的首艘以深圳为母港的外籍邮轮。

8月19日，2023上山下海第七届中国（青岛）企业帆船联赛正式开赛。

8月24日，2023（第十九届）大连国际沙滩文化节市民沙滩趣味运动会拉开序幕，举办有坎古路沙包、沙滩障碍挑战、沙滩寻宝、飞盘九宫格、水球大战等趣味运动项目。

8月26日，2023"大鹏湾杯"深港澳帆船赛在深圳南澳月亮湾海面上正式拉开帷幕，来自深圳、香港、澳门的60名青少年赛手同场竞技。

9月17日，2023中国（日照）国民休闲水上运动会帆船比赛暨"浪潮智慧文旅杯"日照帆船公开赛圆满落幕。

9月19日，交通运输部办公厅发布《关于做好全面恢复国际邮轮运输有关工作的通知》，全面恢复进出我国境内邮轮港口的国际邮轮运输。

9月25日，"名胜世界壹号"邮轮顺利从香港抵达海南三亚，三亚口岸迎来我国全面恢复国际邮轮运输后首艘到港的国际邮轮。

9月29日，"蓝梦之星号"邮轮从青岛拔锚起航，青岛邮轮母港正式复航。

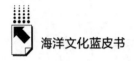

9月30日，爱达邮轮旗下"地中海号"开启以天津为母港的国际邮轮航线，迎来全年运营的中国首航季。这是大型国际邮轮三年来首次从天津国际邮轮母港启航。

10月10日，2023年第五届中国帆板大师赛在青浦区金泽镇金坞半岛鸣笛开赛。150名运动员共聚申城，共同角逐3个组别的12个项目。

10月10日，"蓝梦之星号"邮轮安全靠泊厦门国际邮轮码头，并于当天下午18时左右开启前往菲律宾苏比克5天4晚的首航之旅，标志着厦门国际邮轮母港海外航线正式复航。

10月13日，2023年第十届平潭国际风筝冲浪节中国风筝板巡回赛平潭站暨平潭风筝冲浪自由花式国际锦标赛开幕仪式在平潭举行。

10月14日，2023首届中国帆船大师赛在青岛拉开帷幕。本届大赛为期4天，共有10支船队70余名运动员参赛。

11月4日，我国首艘国产大型邮轮"爱达·魔都号"命名交付，总吨位13.55万吨，拥有2826间舱室，可载客5246位。据爱达邮轮公司此前宣布，该船将于2024年1月1日执航以上海吴淞口国际邮轮港为母港的国际航线。

11月4日，第五届粤港澳大湾区帆船赛（广州站）在广州市南沙游艇会拉开序幕，来自两岸三地的17个船队、共100余名船员在虎门大桥下角逐深蓝。

11月10~12日，2023中国家庭帆船赛深圳站开赛，44支参赛队扬帆竞技。随着深圳站圆满落下帷幕，2023年中国家庭帆船赛结束本年度所有赛程。

11月23日，2023第十二届环海南岛国际大帆船赛在三亚半山半岛帆船港拉开帷幕。这届海帆赛共有24支帆船队伍约300人参赛。

11月26日，"招商伊敦号"正式开启越南下龙湾/岘港/中国香港之旅航线，这是我国首艘入籍中国的豪华远洋邮轮6月6日首航香港以来，再次从深圳出发，远航至越南下龙湾、岘港等目的地，标志着深圳国际邮轮运营稳步恢复。

12月3日，"翠湖香山杯"·2023世界风筝板系列赛珠海总决赛顺利落下帷幕。这届赛事是中国帆船帆板运动协会南方总部基地落户珠海后的首次重要赛事活动。

九　海洋史迹

3月28日，"2022年度全国十大考古新发现"公布，浙江温州朔门古港遗址入选。

4月25日，为庆祝上海与釜山缔结友好城市30周年，中国航海博物馆和韩国国立海洋博物馆合作举办"海珍百品：韩国国立海洋博物馆藏精品文物图片展"。展览共设"星·图·越——航海探索，星图的指引""书·帖·传——海洋历史，书帖的记录""工·艺·魅——海洋文化，艺术的呈现"三个单元，持续到7月30日。

5月13~21日，广东省江门市四市三区的博物馆共同联动，举办"国际博物馆日+中国旅游日"主题活动周系列活动，推出活动34场，专题展览10个。

5月17~19日，由国家文物局和福建省人民政府主办的2023年"国际博物馆日"中国主会场活动在福建省博物院举行。主题展览"福航天下——海上丝绸之路的文化印记"，联合国内29家博物馆合作展出200多件（套）文物。

5月20日~6月11日，南海西北陆坡一号、二号沉船第一阶段考古调查工作顺利完成。国家文物局考古研究中心、中国科学院深海科学与工程研究所、中国（海南）南海博物馆联合组成深海考古队，分三阶段进行。

6月9日，由中国大洋矿产资源研究开发协会、天津市科学技术协会、滨海新区人民政府联合主办的"深海发现之旅"主题活动在国家海洋博物馆启动。活动中，中国大洋协会深海科普工作委员会正式揭牌，中国大洋协会科普船队也同步组建，还举办了院士课堂、深海沙龙等学术活动。

6月9日，《深海发现之旅》展览在国家海洋博物馆正式启幕。该展览介绍了深海资源概况、国际海底资源勘查开发技术手段和中国深海事业发展历程，全面展示我国在争取和维护海洋权益、发展深海技术装备、开发国际海底资源和在大洋科考等方面取得的成就。

6月13日，《探秘深蓝：中国海洋科考与深潜展》在中国航海博物馆举办。展览由上海市交通委员会和上海市海洋局指导，中国航海博物馆与上海市海洋管理事务中心共同主办，共分综合科考、专业科考、特种科考及守护蔚蓝四个部分。

6月25日，由海南省人民政府、三亚崖州湾科技城开发建设有限公司联合国家文物局、中国科学院深海科学与工程研究所出资建造的我国首艘深远海多功能科学考察及文物考古船开工建造。预计2025年完工交船，将成为我国多体系融合、多学科交叉、协同行动创新的开放共享型海上平台。

7月3日，"从广州出发——'南海Ⅰ号'与海上丝绸之路"展览暨"商品、港口、沉船与唐宋海上陶瓷之路"学术研讨会在南越王博物院举办。由南越王博物院（西汉南越国史研究中心）、广东省文物考古研究院、广州市文物考古研究院、香港古物古迹办事处、香港中文大学、澳门博物馆等多家单位联合主办。

7月10日，中国航海博物馆联合国内13省市40家文博单位举办"江海共潮生——长江与海洋文明·考古文物精品展"。展览以长江和海洋文明相关三星堆遗址、马王堆汉墓、"长江口二号"沉船等34项重大考古发现为依托，展出精品文物180件，其中一级文物64件，展览持续到10月8日。

8月8日消息，《致远舰水下考古调查报告》正式出炉。这是我国"甲午沉舰系列"首个水下考古调查报告，围绕2013年至2016年对致远舰的水下考古调查而展开，完成了"丹东一号"即"致远舰"的论证工作。

8月10日~10月6日，由悉尼中国文化中心、福建省文化和旅游厅主办，泉州市文化广电和旅游局承办的"宋元中国看泉州——世界遗产城市海丝非遗文化展"在澳大利亚悉尼中国文化中心展出。

8月25日，来远舰遗址水下考古调查项目启动。1895年甲午战争威海卫之战中，来远舰中雷舰身倾覆，沉没于刘公岛石码头南侧海域。此次水下考古调查项目将历时60天，由国家文物局考古研究中心、山东省水下考古研究中心联合中国甲午战争博物院和威海市博物馆，调集来自山东、广东的水下考古队员，以及广州打捞局人员共同组队。

10月19日，国家文物局召开"考古中国"重大项目重要进展工作会。会议听取南海西北陆坡一号二号沉船遗址、漳州圣杯屿元代沉船遗址、威海甲午沉舰遗址进展汇报。其中，南海西北陆坡一号、二号沉船遗址是我国首次在南海千米级海底发现的大型古代沉船遗址，对于我国深海考古发展具有里程碑意义。

11月29日，国家文物局在京召开"考古中国"重大项目进展工作会，通报了包括南岛语族起源与扩散研究在内的4项考古最新进展。

十　其他相关

4月4日，中国海洋档案馆（国家海洋信息中心）完成第一次全国海洋经济调查档案数字化成果分发工作。移交进馆的该专项档案，正式以档案数字复制件的形式反馈至11个沿海省（自治区、直辖市）和16个支撑单位，为进馆单位有效提供档案利用服务。

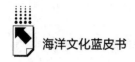

4月7日，深圳盐田区图书馆的"看！海书房，看见图书馆"（Sea Library，See Library）项目喜获2023年国际图联（IFLA）国际营销奖。该项目由10间"智慧书房"组成，均为以社区文化和海洋文化为特色的小型图书馆。

4月13日，自然资源部发布了《2022年中国海洋经济统计公报》。2022年全国海洋生产总值94628亿元，比上年增长1.9%。受疫情影响，海洋旅游业下降幅度较大，全年实现增加值13109亿元，比上年下降10.3%。

6月8日，自然资源部公布了"和美海岛"名单。全国33个海岛入选，包括辽宁省大长山岛和小长山岛（岛群）、大王家岛、獐子岛，山东省南长山岛和北长山岛（岛群）、大黑山岛、砣矶岛，江苏省连岛，上海市崇明岛，浙江省南麂岛、花鸟山岛、洞头岛、玉环岛、枸杞岛、花岙岛、上大陈岛和下大陈岛（岛群）、秀山岛，福建省湄洲岛、鼓浪屿、海坛岛、大嵛山、惠屿、南日岛，广东省东澳岛、海陵岛、南澳岛、上川岛、外伶仃岛、桂山岛、三角岛，广西壮族自治区涠洲岛，海南省东屿、分界洲、赵述岛。

8月4日，自然资源部发布《上半年海洋经济延续较快恢复态势》，解读2023年上半年海洋经济运行情况，提到海洋旅游业持续复苏。问卷调研显示，分别有近八成海洋旅游业企业营业收入、利润实现同比增长，较一季度分别提高了一成、两成；重点监测的广东、江苏等沿海地区在五一、端午假期期间接待游客人数、旅游收入均明显超过2019年同期水平。

9月15日，外交部条法司司长马新民代表中国在国际海洋法法庭涉气候变化咨询意见案口头程序中进行陈述，阐述中国关于管辖权和有关国际气候变化法以及国际海洋法问题的立场和主张。这是中国首次参与国际海洋法法庭口头程序。

10月10日，《共建"一带一路"：构建人类命运共同体的重大实践》白皮书发布，介绍共建"一带一路"10年来取得的成果。

11月9日，中国海洋发展研究会和国家海洋信息中心在厦门国际海洋周开幕式上联合发布了《2023中国海洋发展指数报告》。2022年中国海洋发展指数为120.6，比上年增长2.5%，海洋发展稳中提质。

12月，中国海洋档案馆（国家海洋信息中心）编著的《中国海洋档案馆指南》由海洋出版社正式出版。该书简述了馆藏档案的概况，目前馆藏档案9万余卷，全宗52个，包括单位全宗16个、专项全宗10个、人物全宗17个、非全宗形式排列档案9个。

社会科学文献出版社

皮 书

智库成果出版与传播平台

❖ 皮书定义 ❖

皮书是对中国与世界发展状况和热点问题进行年度监测，以专业的角度、专家的视野和实证研究方法，针对某一领域或区域现状与发展态势展开分析和预测，具备前沿性、原创性、实证性、连续性、时效性等特点的公开出版物，由一系列权威研究报告组成。

❖ 皮书作者 ❖

皮书系列报告作者以国内外一流研究机构、知名高校等重点智库的研究人员为主，多为相关领域一流专家学者，他们的观点代表了当下学界对中国与世界的现实和未来最高水平的解读与分析。

❖ 皮书荣誉 ❖

皮书作为中国社会科学院基础理论研究与应用对策研究融合发展的代表性成果，不仅是哲学社会科学工作者服务中国特色社会主义现代化建设的重要成果，更是助力中国特色新型智库建设、构建中国特色哲学社会科学"三大体系"的重要平台。皮书系列先后被列入"十二五""十三五""十四五"时期国家重点出版物出版专项规划项目；自2013年起，重点皮书被列入中国社会科学院国家哲学社会科学创新工程项目。

皮书网

（网址：www.pishu.cn）

发布皮书研创资讯，传播皮书精彩内容
引领皮书出版潮流，打造皮书服务平台

栏目设置

◆关于皮书

何谓皮书、皮书分类、皮书大事记、
皮书荣誉、皮书出版第一人、皮书编辑部

◆最新资讯

通知公告、新闻动态、媒体聚焦、
网站专题、视频直播、下载专区

◆皮书研创

皮书规范、皮书出版、
皮书研究、研创团队

◆皮书评奖评价

指标体系、皮书评价、皮书评奖

所获荣誉

◆ 2008 年、2011 年、2014 年，皮书网均
在全国新闻出版业网站荣誉评选中获得
"最具商业价值网站"称号；
◆ 2012 年，获得"出版业网站百强"称号。

网库合一

2014年，皮书网与皮书数据库端口合
一，实现资源共享，搭建智库成果融合创
新平台。

皮书网

"皮书说"
微信公众号

权威报告·连续出版·独家资源

皮书数据库
ANNUAL REPORT(YEARBOOK)
DATABASE

分析解读当下中国发展变迁的高端智库平台

所获荣誉

- 2022年，入选技术赋能"新闻+"推荐案例
- 2020年，入选全国新闻出版深度融合发展创新案例
- 2019年，入选国家新闻出版署数字出版精品遴选推荐计划
- 2016年，入选"十三五"国家重点电子出版物出版规划骨干工程
- 2013年，荣获"中国出版政府奖·网络出版物奖"提名奖

皮书数据库

"社科数托邦"
微信公众号

成为用户

　　登录网址www.pishu.com.cn访问皮书数据库网站或下载皮书数据库APP，通过手机号码验证或邮箱验证即可成为皮书数据库用户。

用户福利

- 已注册用户购书后可免费获赠100元皮书数据库充值卡。刮开充值卡涂层获取充值密码，登录并进入"会员中心"—"在线充值"—"充值卡充值"，充值成功即可购买和查看数据库内容。
- 用户福利最终解释权归社会科学文献出版社所有。

社会科学文献出版社 皮书系列
SOCIAL SCIENCES ACADEMIC PRESS (CHINA)

卡号：114778769892
密码：

数据库服务热线：010-59367265
数据库服务QQ：2475522410
数据库服务邮箱：database@ssap.cn
图书销售热线：010-59367070/7028
图书服务QQ：1265056568
图书服务邮箱：duzhe@ssap.cn

S 基本子库
SUB DATABASE

中国社会发展数据库（下设 12 个专题子库）

紧扣人口、政治、外交、法律、教育、医疗卫生、资源环境等 12 个社会发展领域的前沿和热点，全面整合专业著作、智库报告、学术资讯、调研数据等类型资源，帮助用户追踪中国社会发展动态、研究社会发展战略与政策、了解社会热点问题、分析社会发展趋势。

中国经济发展数据库（下设 12 专题子库）

内容涵盖宏观经济、产业经济、工业经济、农业经济、财政金融、房地产经济、城市经济、商业贸易等 12 个重点经济领域，为把握经济运行态势、洞察经济发展规律、研判经济发展趋势、进行经济调控决策提供参考和依据。

中国行业发展数据库（下设 17 个专题子库）

以中国国民经济行业分类为依据，覆盖金融业、旅游业、交通运输业、能源矿产业、制造业等 100 多个行业，跟踪分析国民经济相关行业市场运行状况和政策导向，汇集行业发展前沿资讯，为投资、从业及各种经济决策提供理论支撑和实践指导。

中国区域发展数据库（下设 4 个专题子库）

对中国特定区域内的经济、社会、文化等领域现状与发展情况进行深度分析和预测，涉及省级行政区、城市群、城市、农村等不同维度，研究层级至县及县以下行政区，为学者研究地方经济社会宏观态势、经验模式、发展案例提供支撑，为地方政府决策提供参考。

中国文化传媒数据库（下设 18 个专题子库）

内容覆盖文化产业、新闻传播、电影娱乐、文学艺术、群众文化、图书情报等 18 个重点研究领域，聚焦文化传媒领域发展前沿、热点话题、行业实践，服务用户的教学科研、文化投资、企业规划等需要。

世界经济与国际关系数据库（下设 6 个专题子库）

整合世界经济、国际政治、世界文化与科技、全球性问题、国际组织与国际法、区域研究 6 大领域研究成果，对世界经济形势、国际形势进行连续性深度分析，对年度热点问题进行专题解读，为研判全球发展趋势提供事实和数据支持。

法律声明

"皮书系列"（含蓝皮书、绿皮书、黄皮书）之品牌由社会科学文献出版社最早使用并持续至今，现已被中国图书行业所熟知。"皮书系列"的相关商标已在国家商标管理部门商标局注册，包括但不限于LOGO（▨）、皮书、Pishu、经济蓝皮书、社会蓝皮书等。"皮书系列"图书的注册商标专用权及封面设计、版式设计的著作权均为社会科学文献出版社所有。未经社会科学文献出版社书面授权许可，任何使用与"皮书系列"图书注册商标、封面设计、版式设计相同或者近似的文字、图形或其组合的行为均系侵权行为。

经作者授权，本书的专有出版权及信息网络传播权等为社会科学文献出版社享有。未经社会科学文献出版社书面授权许可，任何就本书内容的复制、发行或以数字形式进行网络传播的行为均系侵权行为。

社会科学文献出版社将通过法律途径追究上述侵权行为的法律责任，维护自身合法权益。

欢迎社会各界人士对侵犯社会科学文献出版社上述权利的侵权行为进行举报。电话：010-59367121，电子邮箱：fawubu@ssap.cn。

社会科学文献出版社